地区电网

智能变电站二次典型异常调控处理方案

毛南平　李丰伟　龚向阳 等　编著

内容提要

为了满足电网值班调控员快速、正确处置智能变电站二次系统异常的需求，结合生产实际编制了《地区电网智能变电站二次典型异常调控处理方案》一书。

本书第一章介绍了智能变电站的相关知识，包括变电站的发展过程，智能变电站的发展与演变过程、智能设备、基本结构以及组网形式；第二章从设备、信息传递与交互以及调控处理差异等方面对智能变电站与综合自动化变电站进行分析、比较；第三章和第四章以建模的形式分别对典型220kV智能变电站和110kV智能变电站二次异常进行分析，并提出相应的调控处理方案；第五章介绍了智能变电站相关重要的辅助设备；第六章对远景规划智能变电站提出展望。

本书可作为全国地市供电企业电网调控人员的培训用书，也可作为相关电力工作者及电力工程类大、中专学生的技术参考书。

图书在版编目（CIP）数据

地区电网智能变电站二次典型异常调控处理方案 / 毛南平等编著．—北京：中国电力出版社，2015.6

ISBN 978-7-5123-7754-7

Ⅰ．①地… Ⅱ．①毛… Ⅲ．①地区电网－智能系统－变电所－电力系统运行－调试方法 Ⅳ．①TM63-39

中国版本图书馆 CIP 数据核字（2015）第 100976 号

中国电力出版社出版、发行

（北京市东城区北京站西街 19 号 100005 http://www.cepp.sgcc.com.cn）

汇鑫印务有限公司印刷

各地新华书店经售

*

2015 年 6 月第一版 2015 年 6 月北京第一次印刷

850 毫米×1168 毫米 32 开本 7.625 印张 191 千字

印数 0001—3000 册 定价 **55.00** 元

敬 告 读 者

本书封底贴有防伪标签，刮开涂层可查询真伪

本书如有印装质量问题，我社发行部负责退换

版 权 专 有 翻 印 必 究

编委会

主　　编　毛南平

副主编　李丰伟　龚向阳　项中明　蒋正威

成　　员　王　晓　李　丹　张志雄　严　勇

许育燕　吴利锋　李　英　励文伟

蔡振华　高宇航　丁月强　许　勇

莫建国　虞殷树　郑建梓　林维修

余佳音　林才春　沈一鹏　周海宏

罗　轶　何小坚　胡　勤　王　威

谢宇哲

前　言

社会经济的高速发展，电网规模的不断扩大，以及信息化的不断进步，促使电网的发展模式势必朝着智能化的方向发展。国家电网公司提出了建设以信息化、自动化、互动化为特征的坚强智能电网，实现电网发展方式的转变。智能变电站是坚强智能电网的重要组成部分，是智能电网的重要基础和支撑。

变电站的发展经历了传统变电站、综合自动化变电站、数字变电站直至今天的智能变电站，智能变电站是电力系统技术革新和信息化进步的产物。智能变电站的建设及发展对电网值班调控员的业务知识水平提出了更高的要求，特别是二次典型异常处理。为普及智能变电站相关知识，提高电网值班调控员日常处理异常的能力，特编制了《地区电网智能变电站二次典型异常调控处理方案》，作为调控员日常处理电网异常的重要参考资料，同时也可以作为新进调控员学习设备异常处理的学习资料。

本书介绍了变电站的发展过程以及趋势，重点介绍了智能变电站的相关知识，并以调控的角度重点分析介绍了 220kV 智能变电站和 110kV 智能变电站二次异常处理方案。

全书由国网宁波供电公司电力调度控制中心与浙江省电力调控中心共同编写。第一章、第三章、第五章主要由王晓、李丹、许育燕等编写；第二章、第四章、第六章主要由严勇、张志雄等编写；编委会成员参与全书审核和修改；李丹负责全书制图。第一章介绍了智能变电站的相关知识，包括变电站的发展过程，智能变电站的发展与演变过程、智能设备、基本结构以及组网形式；第二章从设备、信息传递与交互以及调控处理差异等方面对智能变电站与综合自动化变电站进行分析、比较；第三章和第四章以建模的形式分别对典型 220kV 智能变电站和 110kV 智能变电站二次典型异常进行分析，并提出相应的调控处理方案；第五章介绍了智能变电站重要的相关辅助设备；第六章对远景规划智能变电站提出展望。在本书的编写过程中，得到了诸多同仁及专家的支持和帮助，在此致以诚挚的谢意！引用了相关论著和论文的有关内容，在此谨向这些作者表示衷心的感谢。

限于编写人员水平，编写时间仓促，难免存在疏漏之处，恳请各位专家和读者提出宝贵意见。

编者

2015 年 5 月

目　录

第一章

智能变电站介绍

第一节　变电站发展的几个阶段

作为连接电能生产与消费的重要一环，变电站承担着变换电压、汇集电流、分配电能、控制电能流向等作用。随着科技与信息的不断发展，电力系统发展突飞猛进，变电站技术日新月异。以自动化程度和信息化水平为标志，大致可将变电站的发展划分为传统变电站、综合自动化变电站（以下简称综自变电站）、数字变电站和智能变电站四个阶段。

一、传统变电站

传统变电站主要指20世纪80年代及以前出现的变电站，此类变电站基于继电器和表盘的集中控制，保护设备以晶体管、集成电路为主，二次设备通过电缆连接布置，各部分独立运行。其主要缺点为控制系统庞大，可维护性低，数据统计不直观，日常运行高度依赖人工，管理效率低下。

二、综自变电站

20世纪90年代，随着计算机、网络、通信技术的发展，以及微机保护技术的广泛应用，变电站自动化取得实质性进展。利用计算机技术、现代电子技术、通信技术和信息处理技术，对变电站二次设备的功能进行重新组合、优化设计，建成了变电站综合自动化系统，实现对变电站设备运行情况进行监视、测量、控制和协调的功能。

三、数字变电站

随着数字化技术的不断进步和IEC 61850标准在国内的推广应用，变电站的发展进入了数字变电站发展阶段。数字变电站体现在过程层设备的数字化，整个变电站内信息的网络化，以及断路器设备的智能化，而且设备检修工作逐步由定期检修过渡到以状态检修为主的管理模式，大大提升了管理效率。

四、智能变电站

随着智能电网建设的兴起，变电设备逐渐智能化，智能变电站应运而生。智能变电站以高速网络通信平台为信息传输基础，以全站信息数字化、通信平台网络化、信息共享标准化为基本要求，除实现了信息采集、测量、控制、保护、计量和监测等基本功能外，同时具备支持电网实时自动控制、智能调节、在线分析决策、协同互动等高级功能。

纵观变电站的发展过程，可以看到，随着科技与信息的不断发展，变电站技术日益进步，智能变电站成为变电站技术发展的新标志，它适应我国坚强智能电网建设需要，体现了先进、可靠、低碳、环保的生产理念，是变电站发展的必然方向。

第二节　智能变电站发展与演变

一、智能变电站的技术特征

与综自变电站相比，当前智能变电站的突出特征是一次设备实现智能化，二次设备实现网络化；采用了 IEC 61850 协议，实现了统一建模，满足功能扩展和互操作性的需求；依托一体化监测平台实现对输变电设备在线分析以及全站设备全景化监视。图 1-1 所示为综自变电站模式与智能变电站模式的比较。

（1）电子式互感器：实现了电流、电压数据的就地采集，与传统互感器相比，具有绝缘要求低、暂态响应好等优点，但也存在造价较高等问题，工程应用尚不成熟。

（2）智能终端：通过就地部署，实现一次设备的智能化和网络化，满足保护、测控等二次设备对一次设备的状态监视、控制等功能。

（3）信息交互网络化：在原有的综自变电站分层基础上，对于过程层应用 SV 网络实现数据共享，GOOSE 网络取代传统电缆；站控层应用 MMS 网络，统一建模、提供平台。

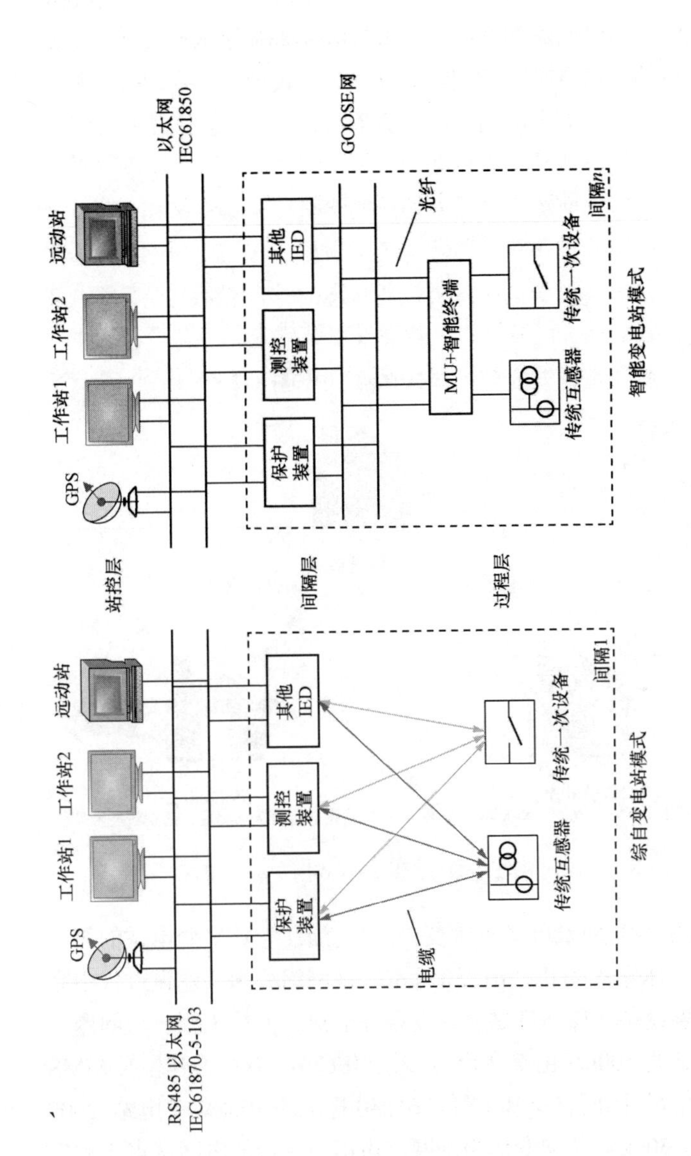

图 1-1 综自变电站模式与智能变电站模式的比较

（4）IEC 61850：国际电工委员会（IEC）TC57 工作组制定的《变电站通信网络和系统》系列标准，是基于网络通信平台的变电站自动化系统唯一的国际标准。该协议通过面向对象建模技术，面向设备，面向应用开放的完善自我描述，实现适应功能扩展，满足应用开放和互操作要求。

（5）一体化监测平台：站控层网络直接采集保护信息、电能量、故障录波、设备状态监测等各类数据，作为变电站的统一数据基础平台，实现变电站各类设备状态的综合展示与全站数据的一体化传输。

二、浙江省智能变电站模式演变（见图 1-2）

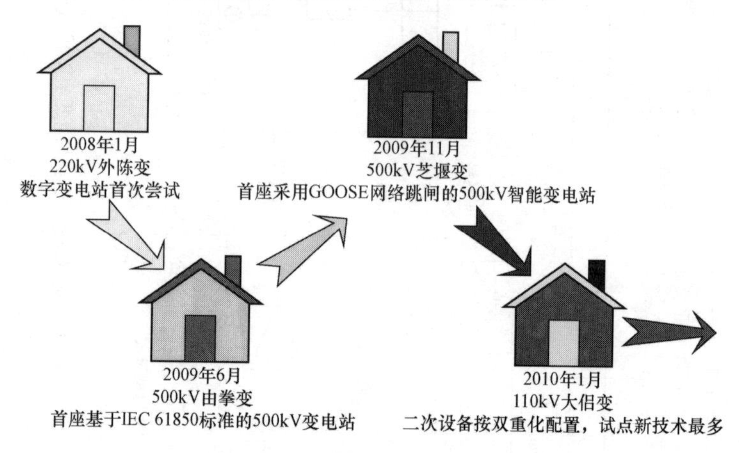

图 1-2　浙江省智能变电站模式演变示意图

2008 年 1 月 220kV 外陈变投运，是浙江省数字变电站的第一次尝试。外陈变按 IEC 61850 标准实现网络跳闸，建设过程中完成多厂家设备互操作性试验，发现并解决了大量工程实际问题。2009 年 6 月 500kV 由拳变投运，采用 IEC 61850 标准建模及 MMS 网络应用，是国网首座基于 IEC 61850 标准的 500kV 变电站。2009 年 11 月 500kV 芝堰变作为国网公司第一批智能电网试点工程完成智能化改造，成为第一个采用 GOOSE 网络跳闸的 500kV 智能变电站。2010年1月110kV大侣变投运，二次设备按双重化配置，试点新技术最多。

根据交流采样，开关量采集、控制，模型及信息传输等特点，目前浙江省智能变电站可大致分为以下模式，如表1-1所示。

表1-1　浙江省智能变电站模式特点

分类＼模式	由拳模式	芝堰模式	大侣模式	武胜、云林模式
交流采样	常规互感器	常规互感器	电子式互感器	常规互感器
开关量采集、控制	常规二次电缆	GOOSE网络传输+智能终端	GOOSE网络传输+智能终端	GOOSE点对点传输+智能终端
跳闸方式	常规方式	GOOSE网络跳闸	GOOSE网络跳闸	GOOSE直跳
MMS网络	MMS光网络	MMS光网络	MMS光网络	MMS光网络

目前，智能变电站典型应用：采样运用常规互感器，自动化系统采用典型三层两网结构，过程层采用SV、GOOSE网络共用，MMS网络独立配置；支持IEEE 1588对时；站内保护直采直跳。

三、当前智能变电站发展的制约因素

目前智能变电站还处于发展阶段，在标准应用、产品设备、工程建设、运行管理、检修维护、人员培训等多个方面均不成熟。

1．不同厂家设备的兼容性故障增多

IEC 61850还处于工程建设的初级阶段，各方还处摸索实践中，对各个扩展功能的理解存在分歧，对标准的定义存在歧义，各种模型国网公司还未完全统一，例如SCD文件用各个厂家自己的编制工具完成后有可能出现不相兼容的现象。

2．设备技术问题

电子式互感器技术、SV网络传输技术还不成熟；合并单元技术上也不够成熟、可靠。一次设备智能化水平不高，采用智能终端间接实现，仍需要较多电缆。电子元器件的引入，带来设备的寿命短、运行环境要求高的问题。

3. 对网络、网络设备依赖度高

网络跳闸方式还不够成熟。光缆安装维护技术要求高、运行环境要求高。

4. 环境温度等影响传感器、光纤寿命

由于智能组件就地化布置，导致二次智能设备会较长时间暴露在户外等恶劣环境下，尤其是高低温天气及潮湿灰尘环境因素的制约，严重影响智能设备正常运行和寿命，在长时间暴晒或严寒低温环境下可能引发异常运行如死机、误发信或上传缓慢等现象。

5. 新技术与传统理念的碰撞，人员、设备、规范准备不足，培训要求迫切

智能变电站设备的维护、运行、调度与传统设备有很大区别，目前相关人员培训、规范制定均落后于智能变电站建设，将成为智能变电站发展的一个瓶颈问题。

四、智能变电站未来发展方向

基于当前的技术趋势，智能变电站将来的发展方向是变压器、断路器、隔离开关、互感器等智能设备形成一体化平台，硬件、软件、组网策略等更趋于成熟的网络化；调试方法上集成测试，工厂化联调；新的远动协议（IEC 61970）及各种高级应用功能的发展，使得电网更加智能化，其中一体化保护、广域保护、自适应保护的逐步应用，将使电网具备自愈功能。主要特点如下：

（1）新型保护原理（一体化保护、广域保护、自适应保护）。

（2）坚强的通信网络（广域、宽带、快速、可靠、自愈）。

（3）新的调度端标准（IEC 61970，充分利用站端数据）。

（4）一体化平台，实现统一建模、源端维护。

（5）IEC 61850 标准的进一步发展完善。

（6）标准化、模块化。

（7）成熟的新型建设模式（集成调试等）。

（8）各种高级应用功能的充分发展。

图 1-3 所示为智能变电站远景模式。

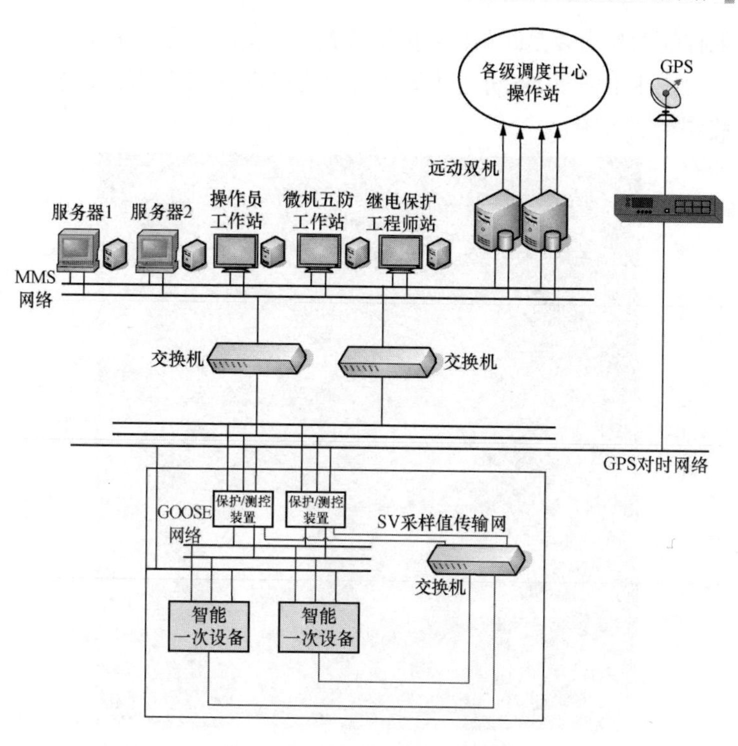

图 1-3　智能变电站远景模式

第三节　智能变电站的智能设备

一、智能终端

1. 智能终端的定义

《智能变电站继电保护技术规范》（Q/GDW441—2010）对智能终端作了如下定义：一种智能组件，与一次设备采用电缆连接，与保护、测控等二次设备采用光纤连接，实现对一次设备（如断路器、隔离开关、主变压器等）的测量、控制等功能。

智能终端是一种执行元件，与间隔层保护控制器、负责数据采样的合并单元（MU）共同组成智能变电站集成保护平台。它的控制对象可以是断路器、隔离开关、主变压器等一次设备。

图 1-4 和图 1-5 分别为智能终端装置和 110kV 线路间隔智能终端柜实景图。

图 1-4　智能终端装置

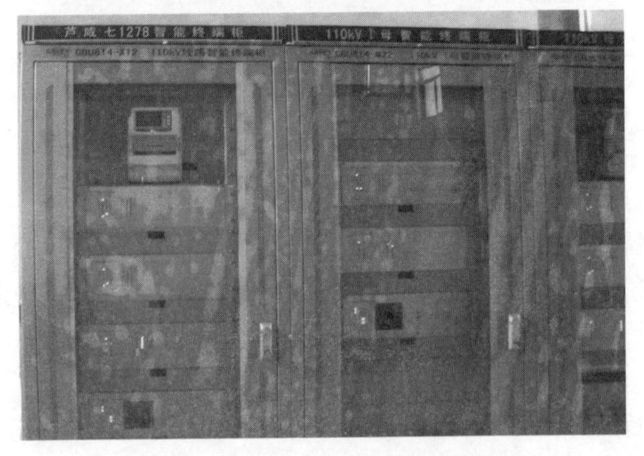

图 1-5　线路间隔智能终端柜实景图

2. 智能终端功能分析

常见智能终端适用电压等级为 110～500kV 的变电站，智能终端需满足如下功能：

（1）信号采集功能。智能终端具有开关量（DI）和模拟量（AI）采集功能。

（2）控制输出功能。智能终端具有开关量（DO）输出功能以及断路器等一次设备的控制功能。

（3）信息转换和通信功能。接收来自间隔层保护测控装置的 GOOSE 下行控制命令，通过报文解析实现对一次设备的实时控制；将一次设备的模拟量及多种开关量，例如各种位置、告警信号等，转换为数字信号经 GOOSE 网络送至间隔层保护测控装置。

（4）具备断路器操作箱功能。包含分合闸回路、合后监视、重合闸、操作电源监视和控制回路断线监视等功能。

（5）GOOSE 命令记录功能，即具有简单的事件顺序记录功能（SOE）。

（6）完善的闭锁告警功能。包括电源中断、通信中断、通信异常、GOOSE 断链、装置内部异常等信号。闭锁告警信号可通过网络上传至后台显示。

（7）自诊断功能。自检的内容包括：出口继电器线圈自检、开入光口自检、控制回路断线自检、断路器位置不对应自检、定值自检、程序 CRC 自检等。

（8）同步对时功能。

二、合并单元

1. 合并单元的定义

《智能变电站继电保护技术规范》（Q/GDW441—2010）对合并单元作了如下定义：用以对来自二次转换器的电流和/或电压数据进行时间相关组合的物理单元。合并单元可以是互感器的一个组成件，也可以是一个分立单元。图 1-6 和图 1-7 分别为电子式互感器数字接口框图和合并单元装置。

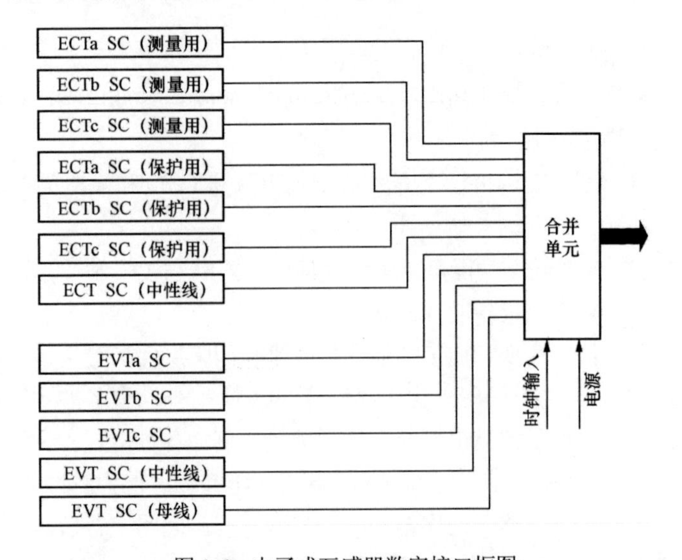

图 1-6　电子式互感器数字接口框图

EVTa—电子式电压互感器 a 相；ECTa—电子式电流互感器 a 相；SC—二次转换器

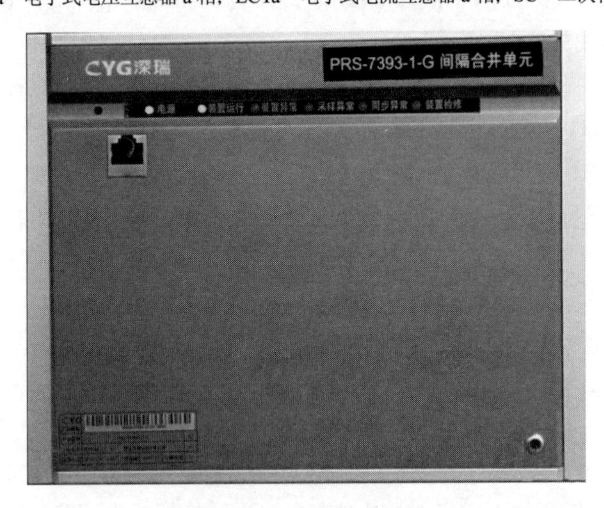

图 1-7　合并单元装置

2. 合并单元的主要功能

（1）数据的收集。根据 GPS 脉冲来控制采样时刻，然后将数据收集组合成帧。有可能A/D采集在电子式互感器中完成，然后通过光纤或电缆组帧送到合并单元，也可能送来的是U/f脉冲信号，也可能是模拟信号直接与合并单元相连。

（2）同步功能。每一时刻的数据的采集都会被打上时间标签，由合并单元按照协议中规定的采样速率发出采样命令，或者根据时间标签进行插值，插成协议中额定频率所需的点数，然后组帧。

（3）同步源异常警告。当外部时钟丢失时，能够警告二次保护设备，并且自身利用锁相环保持A/D采样时间间隔短期内不会漂移太远。

（4）串行数据发送功能。能将并行数据转换成串行数据并进行同步发送。

三、电子互感器

1．电子互感器的定义

《智能变电站继电保护技术规范》（Q/GDW441—2010）对电子互感器作了如下定义：一种装置，由连接到传输系统和二次转换器的一个或多个电流或电压传感器组成，用于传输正比于被测量的量，以供给测量仪器、仪表和继电保护或控制装置。

具体电子式互感器分为：

（1）电子式电流互感器。一种电子式互感器，在正常适用条件下，其二次转换器的输出实质上正比于一次电流，且相位差在连接方向正确时接近于已知相位角。

（2）电子式电压互感器。一种电子式互感器，在正常适用条件下，其二次电压实质上正比于一次电压，且相位差在连接方向正确时接近于已知相位角。

（3）电子式电流电压互感器。一种电子式互感器，由电子式电流互感器和电子式电压互感器组合而成。

图1-8和图1-9分别为电流互感器安装位置示意图和电子式电流互感器实景图。

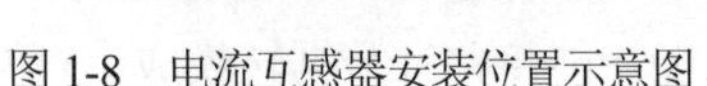

图 1-8　电流互感器安装位置示意图

图 1-9　电子式电流互感器实景图

2. 电子式互感器的工作原理

根据传感方式的不同，电子式电流互感器（ECT）、电压互感器（EVT）可分为无源光电式电流互感器、电压互感器和有源电子式电流互感器、电压互感器两类。

（1）无源光电式电流、电压互感器。

如图 1-10 所示，光学电流传感器是利用 Faraday 磁光效应测量电流的。如图 1-11 所示，LED（发光二极管）发出的光经起偏器后为一线偏振光，线偏振光在磁光材料（如重火石玻璃）中绕载流导体一周后其偏振面将发生旋转。据法拉第磁光效应及安培环路定律可知，线偏振光旋转的角度θ与载流导体中流过的电流 i 有如下关系：

$$\theta = V\oint H \bullet \mathrm{d}l = V \bullet i$$

式中：V 为磁光材料 Verdet 常数；θ为角度；i 为被测量电流。

角度θ与被测量电流 i 成正比，利用检偏器将角度θ的变化转换为输出光强的变化，经过光电变换及相应的信号处理即可求得被测电流 i。

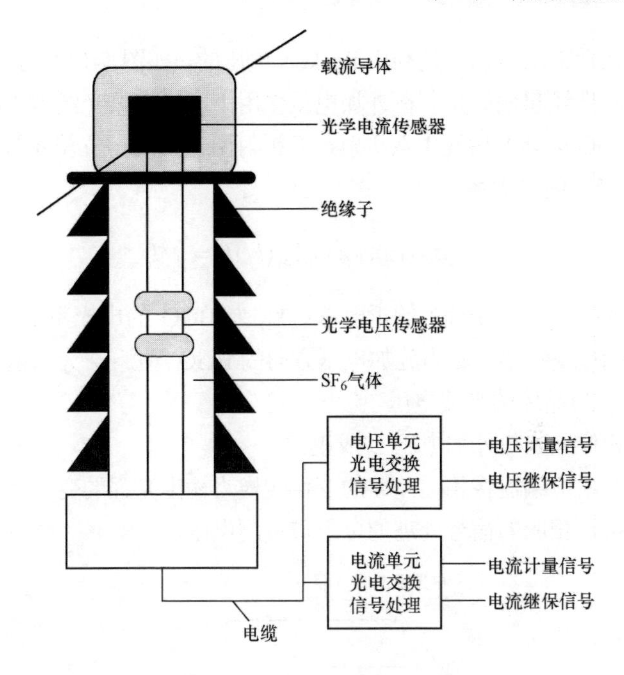

图 1-10　无源组合式电压、电流互感器的结构框图

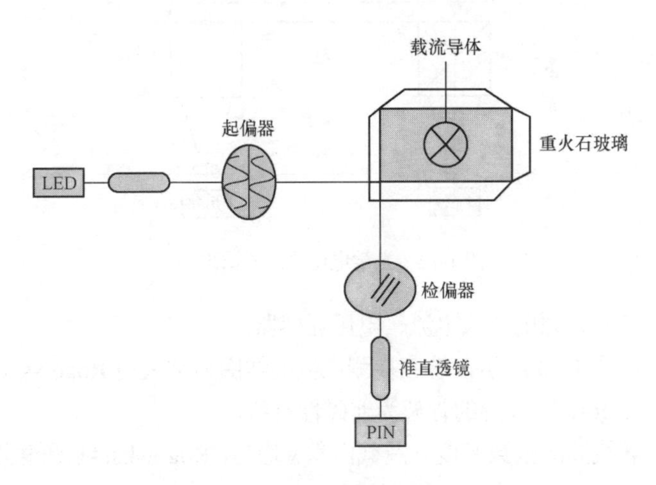

图 1-11　光学传感器原理图

光学电压传感器是利用 Pockels 电压的，如图 1-12 所示 LED 发出的光经起偏振光，在外加电压作用下，线偏振光经电光晶体（如 BGO 晶体）后发生双折射，双折射两光束的相位差 δ 与外加电压 U 之间的关系为

$$\delta=(2\pi/\lambda)n_0^3Y_{41}(l/d)=\pi/U_\pi$$

式中：n_0 为 BGO 的折射率；Y_{41} 为 BGO 的电光系数；l 为 BGO 中光路长度：d 为施加电压方向的 BGO 厚度；λ 为入射光波长；U_π 为晶体的半波电压。

相位差 δ 与外加电压 U 成正比。

利用检偏器将相位差 δ 的变化转换为输出光强的变化，经光电变换及相应的信号处理便可求得被测电压。

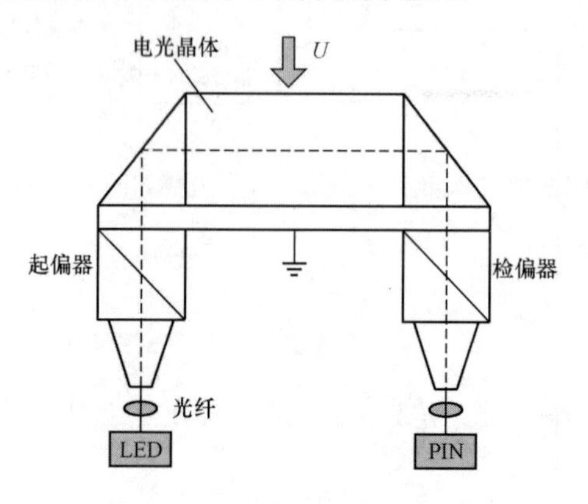

图 1-12 光学电压传感器原理图

（2）有源电子式电流、电压互感器。

如图 1-13 所示，感应被测电流的线圈通常采用 Rogowski 线圈，Rogowski 线圈的骨架为非磁性材料。

若线圈的匝数密度 n 及截面积 s 均匀，Rogowksi 线圈输出的信号 e 与被测电流 i 之间的关系为

$$e(t)=\mathrm{d}\phi/\mathrm{d}t=u_0ns\mathrm{d}i/\mathrm{d}t$$

$e(t)$ 经积分变换及 A/D 转换后，由 LED 转换为数字光信号输出，控制室的 PIN 及信号处理电路对其进行光电变换及相应的信号处理，可输出供微机保护和计量用的电信号。

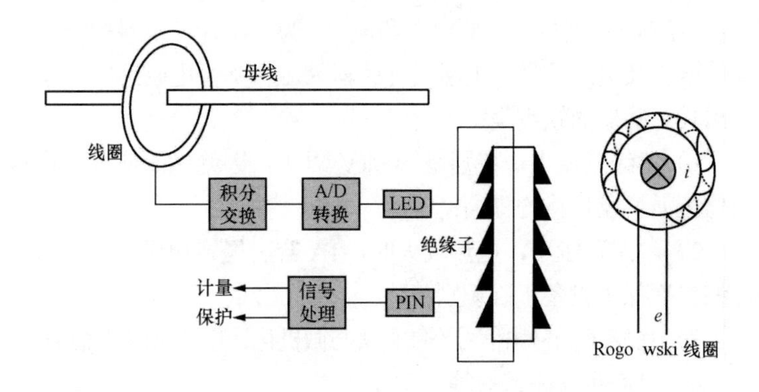

图 1-13　有源电子式电流互感器的结构示意图

如图 1-14 所示，被测高压经分压器分压后，经信号预处理、A/D 变换及 LED 转换，以数字光信号的形式送至控制室，控制室的 PIN 及信号处理电路对其进行光电变换及相应的信号处理，便可输出供微机保护和计量用的电信号。

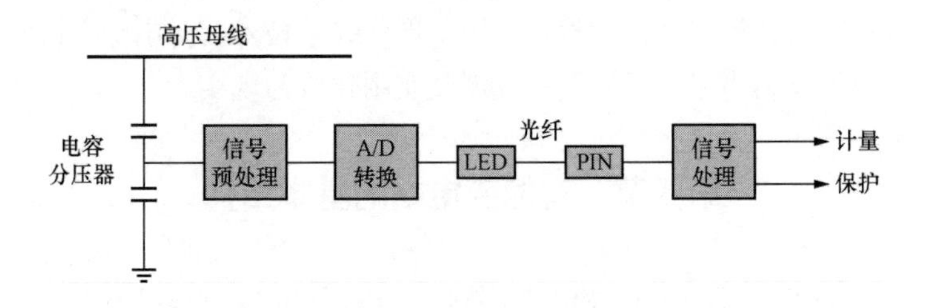

图 1-14　有源电子式电压互感器的结构示意图

有源电子式 TA、TV 的一次高压侧有电子电路，其电源的供给方式主要有两类，一类是光供电，即控制室内 LED 发出的光由光纤送至高压侧，再经光电变换转换为电能供电路工作；另一类是利用一小 TA 从高压线路上获取电能供电路工作。

（3）互感器的应用。

现在我国电力系统中一直用电磁式 TA（电流互感器）和 TV（电压互感器）测量一次侧电流和电压，为二次计量及保护等设备提供电流及电压信号。电磁式互感器的工作基于电磁感应原理。电磁式互感器的缺点是：

1）绝缘难度大，特别是 500kV 以上，因绝缘而使得互感器的体积质量及价格均提高；

2）动态范围小，电流较大时，TA 会出现饱和现象，饱和会影响二次保护设备正确识别故障；

3）互感器的输出信号不能直接与微机化计量及保护设备接口；

4）易产生铁磁谐振等。

电子式互感器指输出为小电压模拟信号或数字信号的电流电压互感器。由于模拟输出的电子式互感器仍存在传统互感器的一些固有缺点，现在发展的高电压等级用电子式互感器一般都用光纤输出数字信号（以下的电子式互感器均指此类电子式互感器）。电子式电流、电压互感器具有无铁芯、体积小、质量轻、线性度好、无饱和现象以及绝缘结构简单可靠等特点，其输出信号可直接被微机化计量及保护设备使用。现代光学技术、微电子学技术的发展使得电子式互感器的发展及实用化成为现实。

第四节　智能变电站的基本结构

从物理上看，智能变电站仍然是一次设备和二次设备两个层面。由于一次设备的智能化和二次设备的网络化，智能变电站一、二次设备结合更加紧密。从逻辑上看，智能变电站各层次内部及层次之间采用高速网络通信，一般由过程层、间隔层、站控层三部分组成。依据 IEC 61850 标准，智能变电站自动化系统的通信体系按“三层设备、两层网络”的模式设计，通过高速网络完成变电站的信息集成。

全站的智能设备在功能逻辑上分为过程层设备、间隔层设备和站控层设备；三层设备之间用分层、分布、开放式的两层网络系统实现连接，即站控层网络、过程层网络；三层设备、两层网络之间的关系如图 1-15 所示。

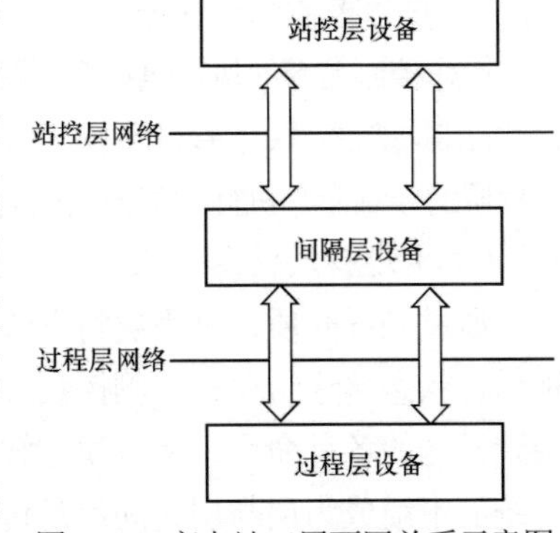

图 1-15　变电站三层两网关系示意图

智能变电站的自动化系统通信网络在功能逻辑上分为两层：过程层网络和站控层网络；两层网络物理上相互独立。目前一般过程层网络包括 GOOSE 网与 SV 网，站控层网络构建为全站统一的 MMS 网。

一、过程层

过程层是一次设备和二次设备的结合面。过程层包括变压器、断路器、隔离开关、电子式互感器等一次设备及其所属的智能组件以及独立的智能电子装置。

（一）过程层功能介绍

1. 实时运行电气量检测

与传统的功能一样主要是电流、电压、相位及谐波分量的检测，其他电气量如有功、无功、电能量可通过间隔层的设备运算得到。与常规方式相比所不同的传统的电磁式电流互感器、电压互感器被非常规互感器取代，采集传统模拟量被直接采集数字量所取代，动态性能好，抗干扰性能强，绝缘和抗饱和特性好。

2. 运行设备状态检测

变电站需要进行状态参数监测的设备主要包括变压器、断路器、隔离开关、母线、电容器、电抗器以及直流电源系统等。在线监测的内容主要包括温度、压力、密度、绝缘、机械特性以及工作状态等数据。

3. 操作控制命令执行

操作控制命令的执行包括变压器分接头调节控制，电容、电抗器投切控制，断路器、隔离开关分合控制以及直流电源充放电控制等。过程层的控制命令执行大部分是被动的，即按上层控制指令而动作。

（二）过程层信息交互

通过光纤介质，过程层将电流电压等测量值和一次设备的各种运行状态传递给保护、测控装置的同时接受并执行从保护测控装置发送的各种命令，所以说在智能变电站中，光纤介质代替了传统的电缆成为层与层之间信息传递的重要渠道。图 1-16 所示为智能变电站信息传递图。

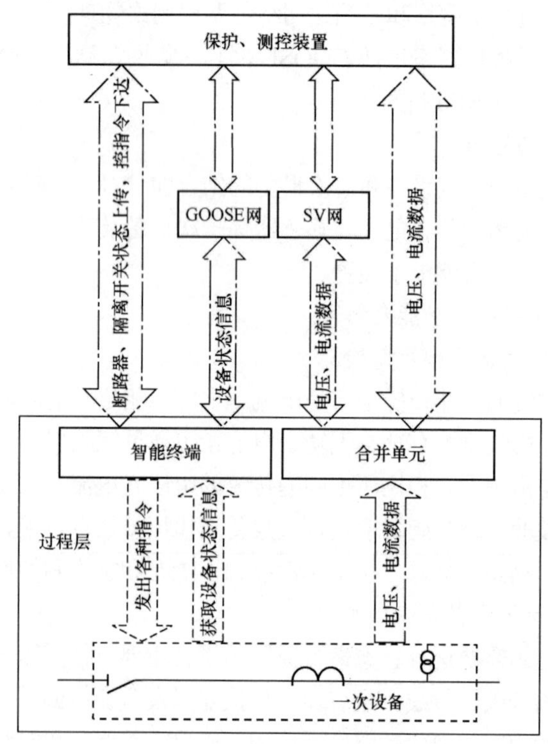

图 1-16　智能变电站信息传递图

—·— 光纤　　- - -· 电缆

二、间隔层

间隔层设备一般指继电保护装置、测控装置等二次设备，实现使用一个间隔的数据并用于该间隔一次设备的功能。同时，间隔层的设备将变电站的所有信息分类整合后传送至站控层，并接受站控层所发出的指令，实现远方控制一次设备的功能。智能变电站的间隔层与综自变电站的间隔层区别在于：微机保护只需支持传统的5A/100V的模拟量接口，数字化保护需支持点对点模式、GOOSE 模式的 SV 和 GOOSE 接口，接口方式多。微机保护为 103 规约，数字化保护需支持 IEC 61850 规约。

（一）间隔层功能介绍

间隔层的主要功能是：

（1）对一次设备具有保护控制功能；

（2）汇总本间隔过程层实时数据信息，以及对数据的承上启下通信传输功能；

（3）实施本间隔操作及其他控制功能。

（二）间隔层信息交互

间隔层的上述功能主要由保护装置和测量装置来实现，其功能逻辑与微机保护和测控装置并无大的区别。就智能变电站而言，其保护装置和测控装置在过程层和站控层的信息交互以及保护装置、测控装置之间的信息交互用光纤和网线取代了传统以电缆为主的方式。

间隔层与过程层设备、站控层设备信息交互如图 1-17 所示。

从图 1-17 可见，设备的各种遥信主要通过 GOOSE 网从智能终端传递至保护装置，而遥测值一般通过 SV 网络从合并单元传递至测控装置。为了满足保护动作的正确性，用于保护装置的遥测值往往通过点对点的方式从合并单元直传给保护装置，而保护装置的跳闸命令也是通过点对点的方式传递给智能终端。继电保护装置、测控装置之间的联闭锁信号、失灵启动等信号一般通过 GOOSE 网络交互，保护、测控装置所产生和收集的各类信号通过站控层的交换机传递给后台监控和远方终端。

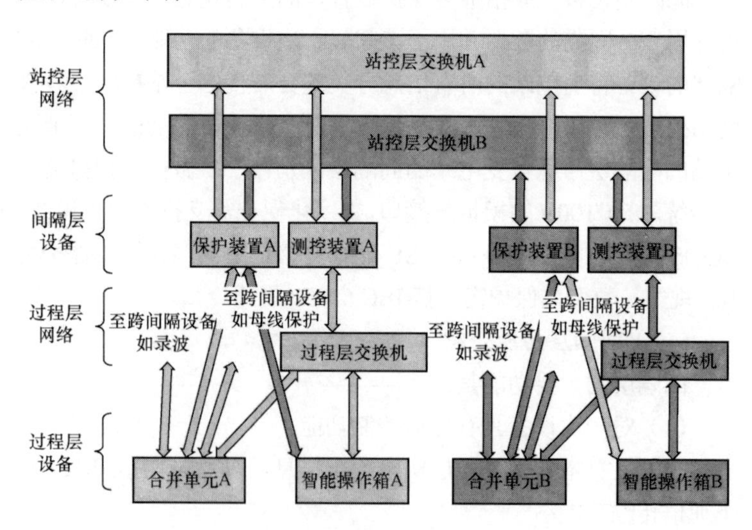

图 1-17　智能变电站各层信息交互图

三、站控层

站控层包含自动化站级监视控制系统、站域控制、通信系统、对时系统等子系统，实现面向全站设备的监视、控制、告警及信息交互功能，完成数据采集和监视控制、操作闭锁以及同步相量采集、电能量采集、保护信息管理等相关功能。站控层功能高度集成，可在一台计算机或嵌入式装置实现，也可分布在多台计算机或嵌入式装置中。

（一）站控层功能介绍

站控层的主要功能是：

（1）通过高速网络汇总全站的实时数据信息，不断刷新实时数据库；

（2）将有关数据信息送往电网调控中心；

（3）接受电网调控中心有关控制命令并转间隔层、过程层执行；

（4）具有在线可编程的全站操作闭锁控制功能；

（5）具有站内当地监控、人机联系功能；

（6）具有对间隔层、过程层设备的在线维护、在线组态、在线修改参数的功能等。

（二）站控层信息交互

站控层和间隔层之间以基于 IEC 61850 标准的互联互操作为中心，实现数据共享。站控层的典型信息流图如图 1-18 所示。

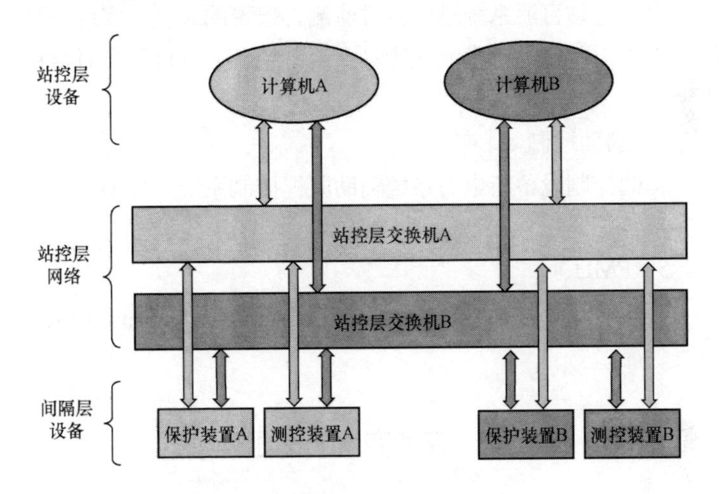

图 1-18　站控层典型信息流图

站控层 MMS 网络主要用于实现站控层各设备之间的横向通信以及站控层与间隔层设备之间的纵向通信。站控层远动通信装置则通过远动规约和各级调度之间进行通信。站控层设备均以网线接入 MMS 网；间隔层保护测控设备均以网线接入 MMS 网。间隔层 MMS 网以光纤接入站控层 MMS 网。

（三）站控层设备

1. 监控系统

变电站监控顾名思义就是监视和控制，主要监视的对象有全站一次设备的电流、电压值，保护、测控等二次设备的状态，各类上传信息，一次设备运行状态，变电站视频信息等。

2. 远动装置

远动装置是实现调度与变电站之间各种信息的采集并实时进行自动传输和交换的自动装置。它是电力系统调度综合自动化的基础。变电站的远动装置在远动系统中称为发送（执行）端，在调度系统中有相应的设备称为接受端。

3. 直流监视

对变电站直流系统进行实时监测、报警的装置，实现对直流母线电压、蓄电池、直流绝缘等直流系统各元件进行实时监视、报警。

4. 辅助控制

辅助控制设备指电力系统辅助监视控制系统，如图像监控、火灾报警等。

5. PMU

PMU 即同步相量测量装置，具备同步相量的测量、记录、传输等功能。

第五节 智能变电站的组网形式

智能变电站以电子式互感器或合并单元代替了常规的继电保护装置、测控装置的 I/O 部分；以交换式以太网和光缆组成的网络通信系统代替了以往的二次回路。通过 IED 设备实现了信息集成化应用，系统可实现分层分布式设计。

一、智能变电站的结构设计

（一）三层两网构架

根据 IEC 61850 系列标准分层的变电站结构，智能变电站分为三层两网结构，即“过程层、间隔层、站控层”三层和“过程层网络，站控层网络”两网，智能站通过过程层网络来实现过程层和间隔层设备之间的信息交互，通过站控层来实现间隔层和站控层之间的信息交互。智能站在间隔层装置和过程层装置的智能终端之间需要传送 GOOSE 报文数据，间隔层和过程层的合并单元之间需要传递采样数据。虽然 GOOSE 网络和 SV 网络同属过程层网络，但由于该两种网络上传递的信息数据量大且互相独立，所以通常将这两种不同的信息用不同的物理网络传送。但如果物理网络设备硬件足够可靠、带宽足够大，设计中才会考虑将 GOOSE 网络和 SV 网络通过同一个物理网络层来传递，而仅仅从逻辑层面上将它们区分开来。

如图 1-19 所示，站控层网络和过程层网络在物理上实现分开，在功能上完全独立。

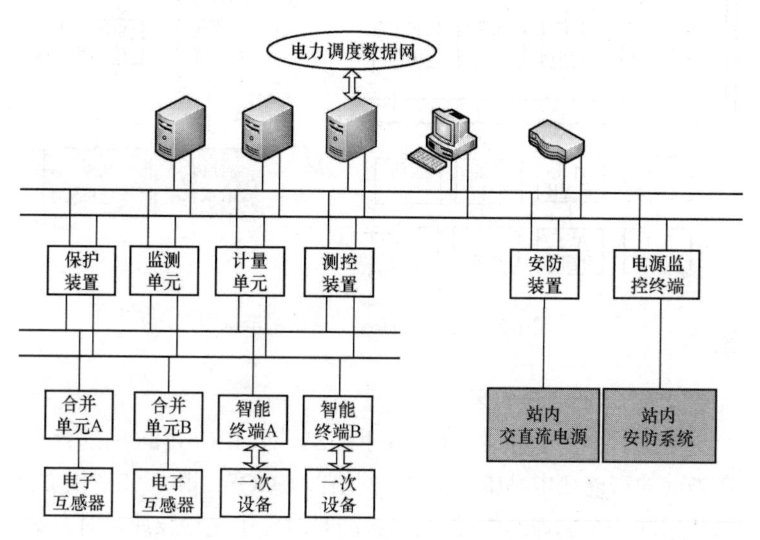

图 1-19 变电站三层两网结构示意图

（二）两层一网构架

该构架模型往往用在智能站的规模不是很大的情况下。其中 GOOSE 网、SV 网和 MMS 网络在物理上实现一体化，在逻辑上仍然按照三网来划分、管理。该模式的优点在于能很好地降低设备成本，网络的物理拓扑简单清晰；缺点是一旦物理网络发生故障会对整个变电站的运行带来很大的影响。两层双网取消了间隔层，其集中保护装置和集中测控装置被列为过程层设备，一般实行就地安装方式。过程层设备和站控层设备的信息交互直接通过同一个网络进行交互。通常两层一网构架用于110kV及以下智能站，建议使用A，B双网，其构架如图1-20所示。

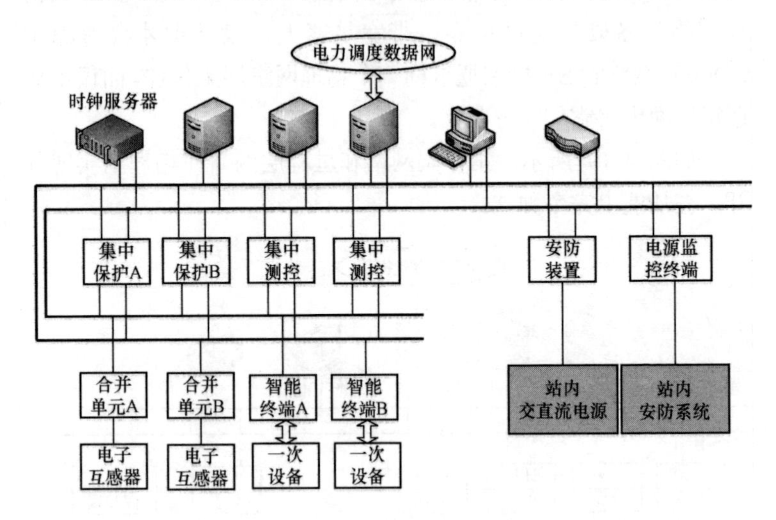

图1-20　变电站两层一网结构示意图

（三）三网合一构架

“三网合一”指的是GOOSE网、SV网、IEC61588网的合一。在当前的智能变电站中，过程层网络的GOOSE报文、SV报文常常共用同一个物理网络，站内设备的对时使用光秒脉冲对时方案。光秒脉冲对时方案相对于过程层物理网络而言是独立存在的。在IEC 61588协议可利用以太网实现时钟同步对时的大前提下，若过程层网使用IEC 61588协议，并将GOOSE网、SV网、IEC 61588网合用同一个物理网络来传递，这种的构架便是“三网合一”。该构架的优点是减少智能站的建造成本，提高过程层的网络稳定程度，降低维护难度，其构架如图1-21所示。表1-2所示为组网方式优缺点比较。

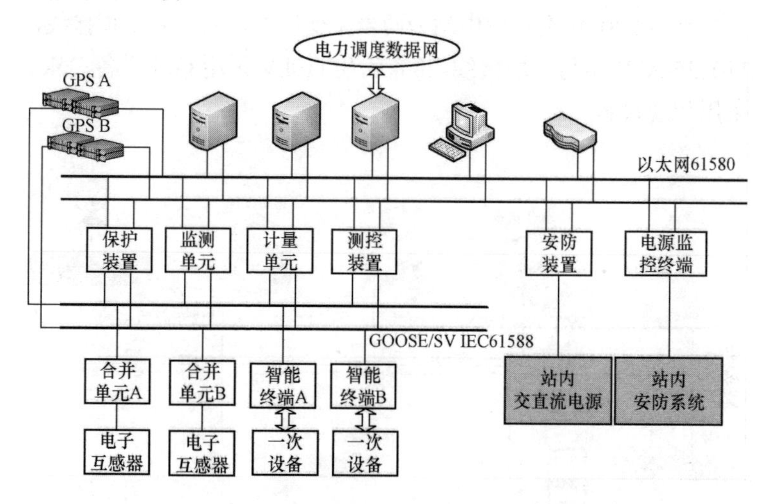

图 1-21　变电站三网合一结构示意图

表 1-2　　　　　　　　组网方式优缺点比较

网架结构	优　点	缺点和问题
三层两网构架 MMS 独立 SV/GOOSE 合一	（1）网络架构较简化； （2）实时数据通过网络共享	（1）SV 数据带宽占用大； （2）GOOSE 信号响应速度变慢
三层两网构架 MMS/GOOSE/SV 各自独立组网	数据根据类型和特点分类组网，兼顾了网络架构和数据共享，减轻了对交换机网络的依赖	只能采用时钟源同步方式
两层一网构架	能很好地降低设备成本，网络的物理拓扑简单清晰	一旦物理网络发生故障会对整个变电站的运行带来很大的影响
三网合一构架	（1）网络架构简化； （2）全部通过网络交换数据； （3）充分实现全站数据共享； （4）充分实现智能变电站的设计思想	（1）MMS 数据有效率低，数据通信不可控，TCP/IP 通信方式易产生广播风暴，瘫痪网络，网络交换控制复杂。 （2）完全依赖交换机性能；只能采用时钟源同步方式

二、典型 220kV 智能变电站的组网形式（见图 1-22）

参照 220kV 智能变电站为两台主变压器，220kV 双母接线，110、35kV 均单母分段接线，220kV 及 110kV 采用 GIS 设备，35kV 采用传统设备。

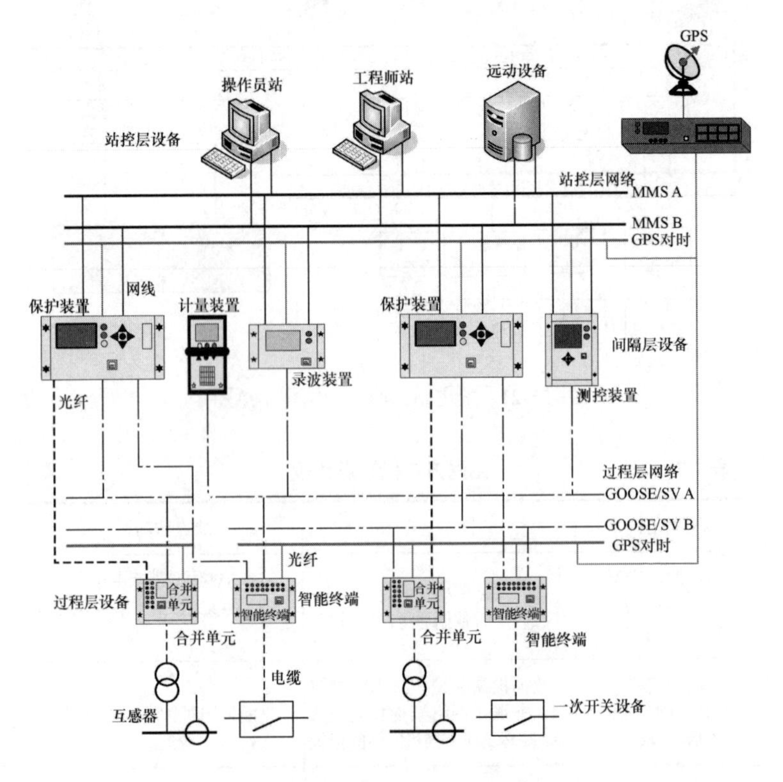

图 1-22　典型 220kV 智能变电站组网示意图

各间隔配置合并单元，通过合并单元完成电流、电压量的采集，并对电流电压信号进行同步，将测量数据按规定的协议输出供二次设备使用。智能终端完成断路器、隔离开关等设备的跳合闸回路、位置信号采集回路等。全站分为三层：站控层、间隔层和过程层。

站内分别设置 GOOSE 网、SV 网和 MMS 网，其中 GOOSE 网络交换机和 SV 网络交换机公用，同时传输 GOOSE 和 SV 两种信息流。保护装置遥测量采用 SV 点对点传送，测控、计量装置遥测量则通过 SV 组网传送；继电保护系统采用“直采直跳”模式，各保护设备间的联闭锁命令及测控功能采用网络方式实现。其中，220kV 继电保护设备双重化配置分别接入 GOOSE A 网和 GOOSE B 网，110kV 继电保护设备单重化配置接入 GOOSE A 网，测控单元均接入 GOOSE A 网，测控装置间的联闭锁信息以 GOOSE 报文的形式通过 MMS 网传输。

220kV 线路、主变压器保护采用母线电压输入，保护装置电压切换通过合并单元实现，母线设备（以下简称母设）合并单元 SV 网级联至线路、主变压器等各间隔，同时母线隔离开关位置接点通过电缆开入至合并单元，合并单元输出的电压信号经过隔离开关重动切换后通过 SV 网（点对点及组网）传送至保护及测控装置。

三、典型 110kV 智能变电站的组网形式（见图 1-23）

110kV 智能变电站站控层与间隔层保护测控等设备采用 IEC 61850 通信协议；间隔层与过程层合并单元采用点对点通信；间隔层与过程层采用 GOOSE 通信协议；站控层系统采用 SNTP 网络对时，间隔层和过程层设备采用 IEC 61588 网络对时；站控层与过程层独立组网，站控层采用双星型 100M 以太网，过程层采用双星型 100M 光以太网传输 GOOSE 协议。

GOOSE 信息传输模式：保护装置的跳、合闸 GOOSE 命令采用光纤点对点方式直接接入就地智能终端，测控装置的开出信息、逻辑互闭锁信息、断路器机构位置、主变压器中性点位置和告警信息通过 GOOSE 网络进行传输。

SV 采样值信息传输模式：保护装置、测控装置、电能表、录波器等设备与合并单元均采用光纤点对点方式直接连接、不再组建过程层网络。

变压器、站用变压器非电量保护采用电缆直接跳闸。

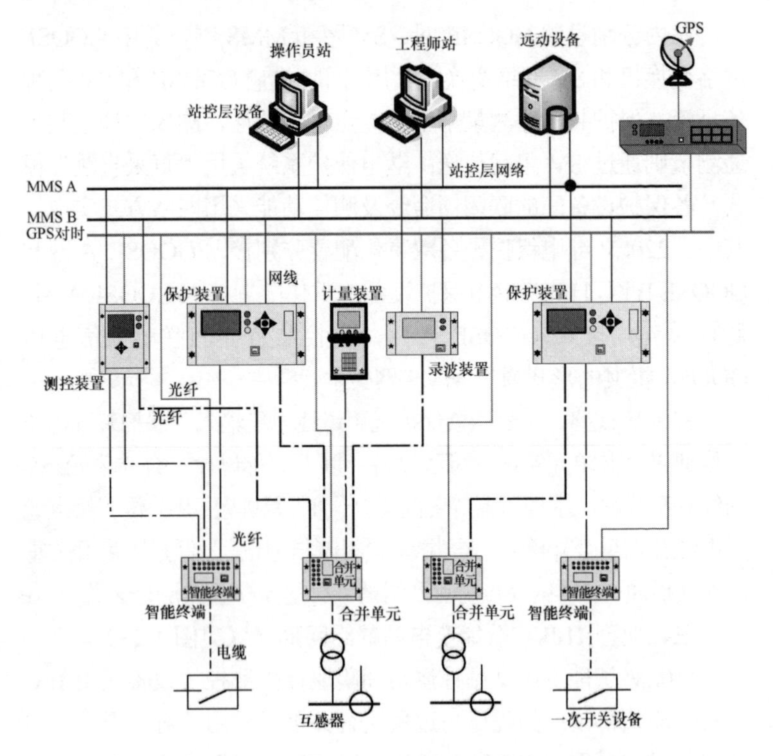

图 1-23　典型 110kV 智能变电站组网示意图

第二章

智能变电站与综合自动化变电站的差异

第一节 站内设备差异

智能变电站是由智能化一次设备（电子式互感器、智能化开关等）和网络化二次设备分层（过程层、间隔层、站控层）构建，建立在IEC 61850标准和通信规范基础上，能够实现变电站内智能电气设备间信息共享和互操作的现代化变电站。可见，智能变电站与综合自动化变电站（以下简称综自变电站）相比，其差异可以概括为一次设备的智能化、二次设备的信息传输网络化、操作回路软件化。

一、一次设备差异

在一次设备方面，智能变电站与综自变电站相比（见图2-1），最大差异表现在一次设备的智能化。

综自变电站一次设备均采用常规的电力设备，各设备作用功能相对比较单一。智能变电站无论是在设备本身功能还是在设备间信息交互方面都大大优化，体现了其智能化的特点。变电站的一次设备大致由变压器、断路器、隔离开关、互感器（TV、TA）、避雷器、母线及导线等电力元件组成，智能变电站一次设备智能化主要体现在以下几大类设备。

（一）智能断路器

根据目前已建的智能变电站的情况来看，智能断路器设备的研发和生产仍然处于元件简单叠加组合的阶段，即“断路器设备本体+传感器和执行器+智能组件”的方式，一体化程度仍然较低。图2-2所示为组合型的智能断路器设备。

当前使用的智能组件主要有以下两类：

（1）智能终端：具有控制、通信、状态监测等功能。

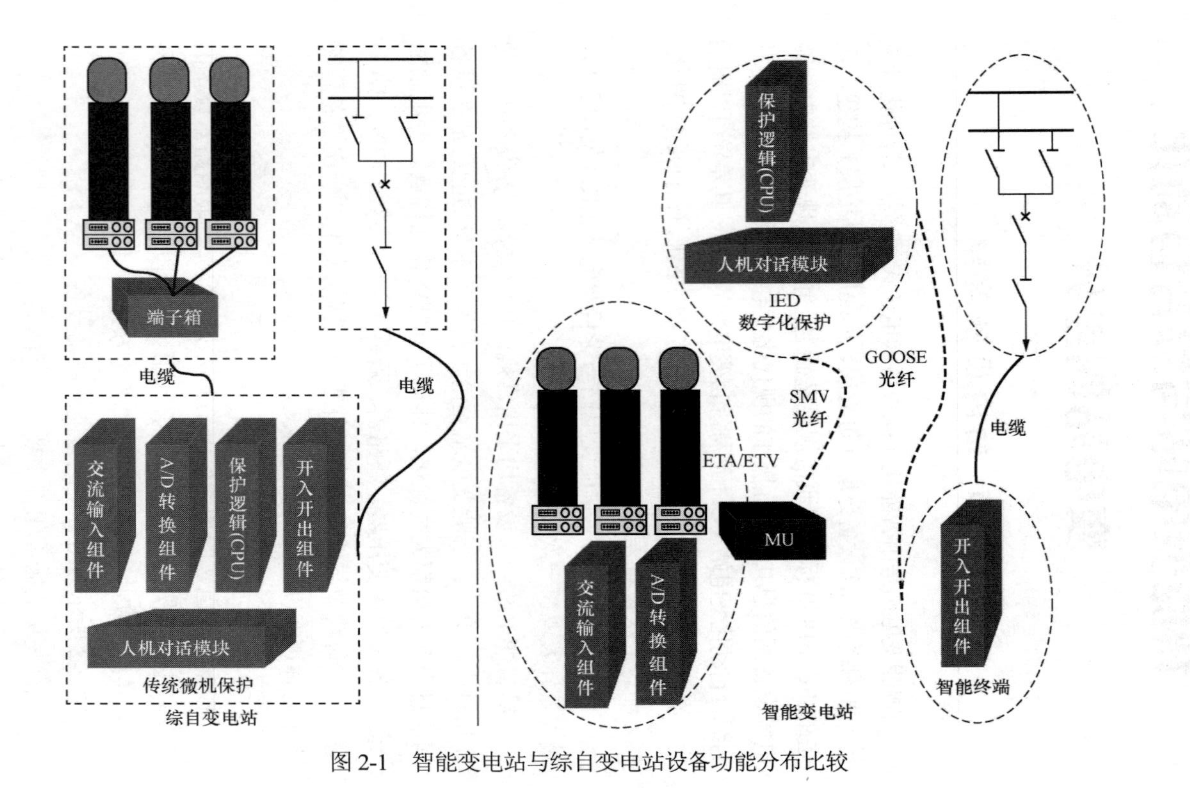

图 2-1 智能变电站与综自变电站设备功能分布比较

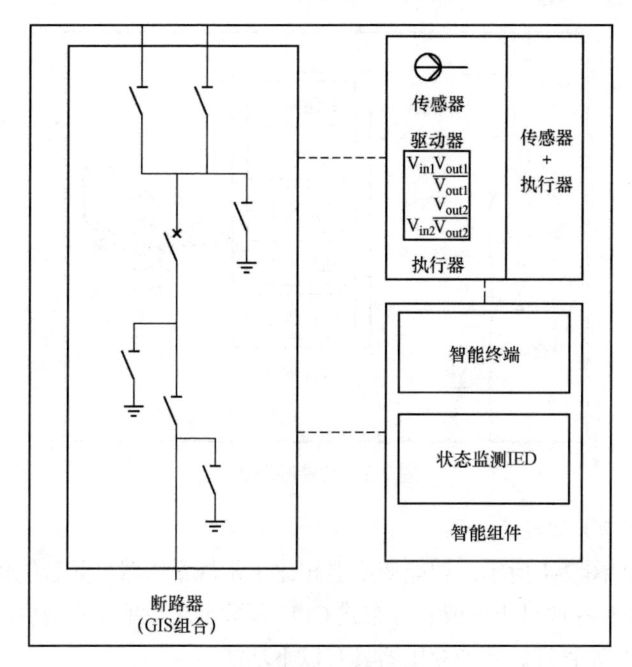

图 2-2　组合型智能断路器设备

（2）状态监测 IED：监测断路器设备本体传感器发送的数据，实现数据采集、加工、分析、转换，输出数据符合 DL/T 860 标准要求的智能电子装置。根据监测对象的不同，断路器设备状态监测主要监测了三个方面的状态量：操动机构机械特性状态监测、SF_6 气体状态监测（压力、微水）和局部放电状态监测。

智能断路器将控制及通信等功能融于一体，使电力设备的模块化、系统化成为可能。断路器智能化表现在对运行状态进行实时监测、自我诊断、智能控制和网络化信息传递等。图 2-3 所示为智能断路器。

总之，智能断路器与常规断路器相比，它将各电力设备模块化、系统化，从而整体造价更低，且功能更齐全；在操作性方面可实现完全程序化操作，具有便捷、安全可靠的优点；在设备维护方面，因断路器本身具备自我检测与诊断功能，无需定期检修维护，具有设备免维护特点。

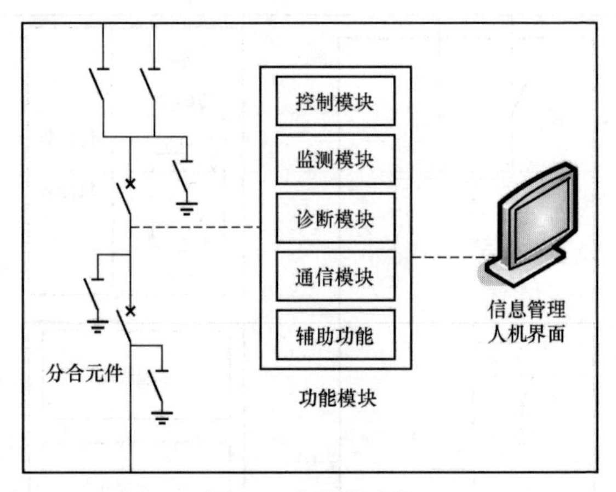

图 2-3　智能断路器

（二）智能变压器

如图 2-4 所示，智能变压器相比于常规变压器，其智能化主要体现在：通过集中或者分布式 CPU 和数据采集单元实现资源共享、智能管理。智能变压器具有以下功能：

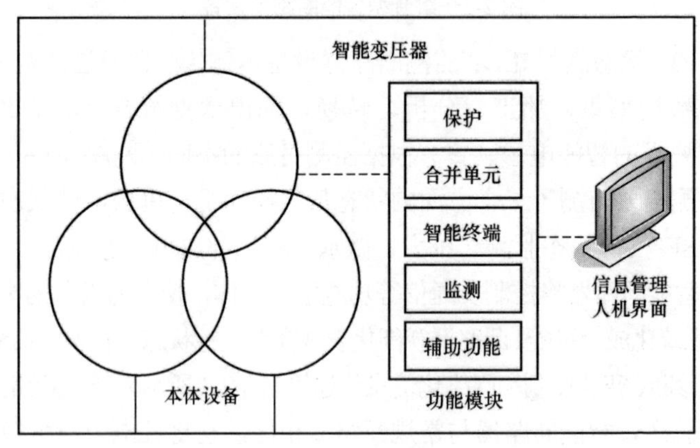

图 2-4　智能变压器

（1）运行数据监测：对变压器铁芯电流、变压器温度、油位监测、油色谱分析等各类数据进行实时检测。

（2）保护：具备变压器差动保护以及压力释放、重瓦斯、轻瓦斯、冷却器全停等非电量保护的保护功能。

(3) 状态诊断与评估：通过对运行各类数据、指标进行分析处理，对变压器运行状态实时进行诊断与评估，替代运行人员的日常巡视工作。

(4) 信息管理：收集、储存变压器运行的各类信息指标，供运维人员查看分析，并具有友好的人机交互界面。

(5) 其他告警功能：具有火灾消防等其他告警功能。

与常规变压器相比，智能变压器具有功能齐全，操作便捷、安全可靠，维护简单等优点。

随着技术成熟与进步，智能变压器将在今后的智能变电站中广泛应用。

(三) 电子/光电式互感器

电子/光电式互感器利用光电子技术和光纤传感技术来实现电力系统电压、电流测量，与传统的电磁互感器有着本质的区别，电子/光电式互感器输出的是数字信号，而电磁互感器是模拟信号(类似数字电视与模拟电视的区别)；克服了传统互感器电磁饱和能力的弊端。同时随着制造水平的提高，互感器最终将与合并单元整合为一体化设备，从而取代现有合并单元的功能。

目前电子/光电式互感器已在部分变电站投入使用，正处于试点运行阶段，为新技术设备积累运行经验，今后将逐步大量投入使用。

二、二次设备差异

在二次设备方面，智能变电站与综合自动化变电站相比，最大差异表现在二次设备的信息传输网络化、操作回路软件化。

智能变电站内的二次设备，如继电保护装置、防误闭锁装置、测量控制装置、远动装置、故障录波装置、电压无功控制、同期操作装置以及正在发展中的状态在线检测装置等全部基于标准化、模块化的微处理机设计制造，设备之间的连接全部采用高速的网络通信，二次设备不再出现常规功能装置重复的I/O现场接口，通过网络真正实现数据共享、资源共享，常规的功能装置在这里变成了逻辑的功能模块。

（一）信息传输网络化

同综自变电站相比，智能变电站间隔层与过程层之间，采用光纤通信方式，大大减少了电力电缆的使用（见图 2-5）；过程层间的传输方式也发生改变（见图 2-6）；自动化系统与综自变电站一样采用以太网模式（见图 2-7）。

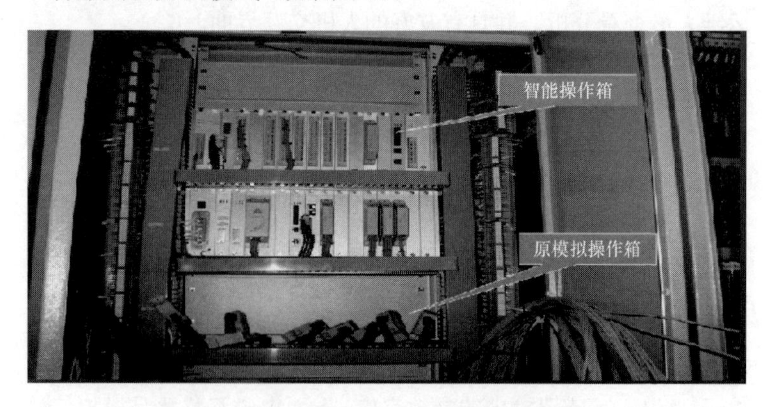

图 2-5　间隔层与过程层间通信实际案例

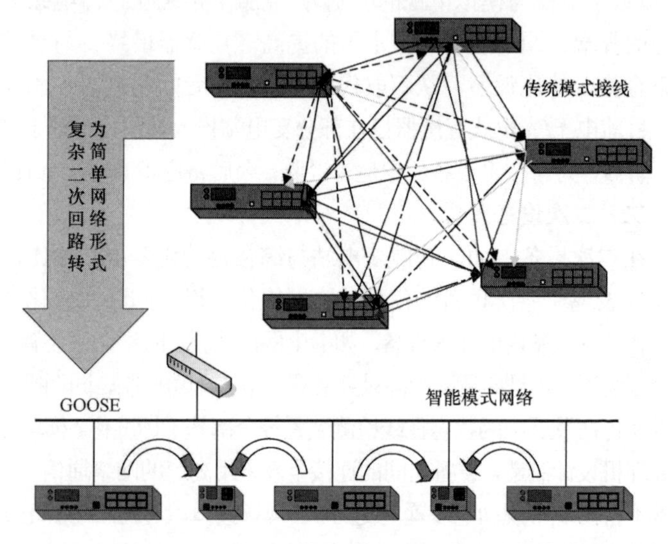

图 2-6　过程层网络通信取代二次回路功能

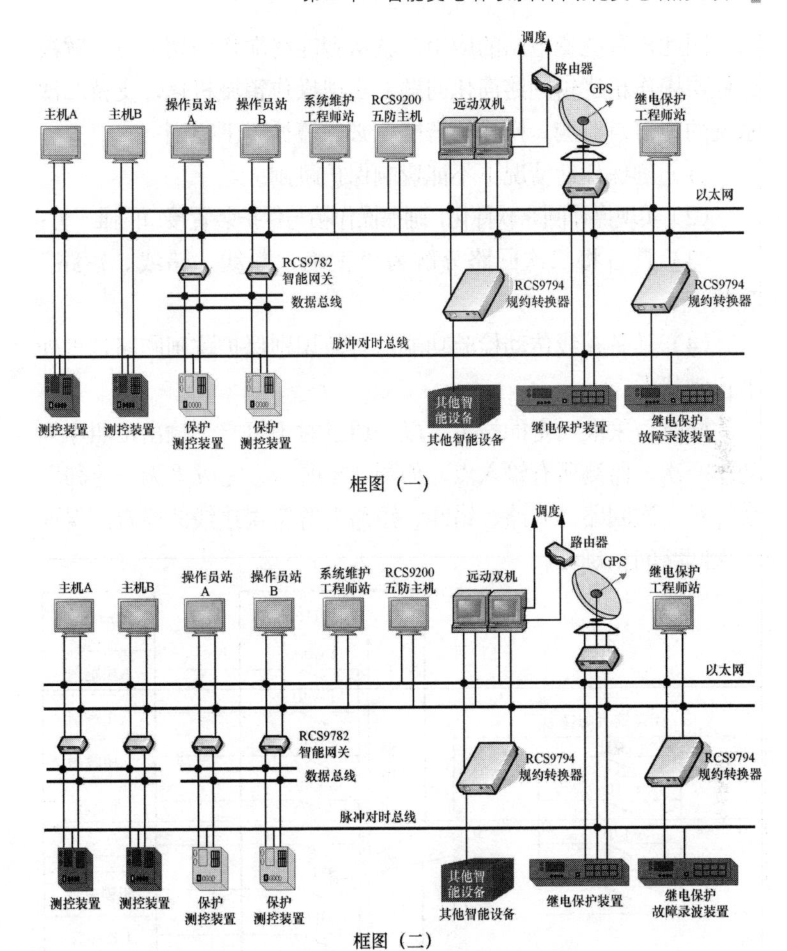

框图（一）

框图（二）

图 2-7　RCS-9700 变电站自动化系统典型结构图

（二）操作回路软件化

长期以来 220kV 及以上系统，保护装置与断路器的接口大多采用基于继电器的操作箱技术，通过操作箱引出控制电缆实现断路器跳闸。多年以来，继电器系统的二次电缆一直成为二次系统安全的隐患，也是在大量采用微电子、计算机技术的二次系统难以实现状态检修的主要原因。

因此，智能变电站的应用，就从智能终端作为切入点，解决过程层操作箱逻辑回路简化问题，实现操作箱微机化，支持二次系统的无盲点监测。操作箱智能化必须遵循以下原则：

（1）确保任何情况下不能影响保护跳闸；

（2）实现操作回路软件化，确保操作箱与保护装置接口的唯一性；

（3）具备将二次回路分解为“正确、断线、错线、短路”等状况；

（4）具备在线传动检验功能，有效识别保护跳闸回路是否处于正常状态。

同时，采取一定的技术手段，通过对于每一个输出按照序列动作一次，监测所有输入点，如图 2-8 所示。完成“无一遗漏”地针对二次回路“开路、错线、短路”等错误接线的检查，保证二次回路的正确性。

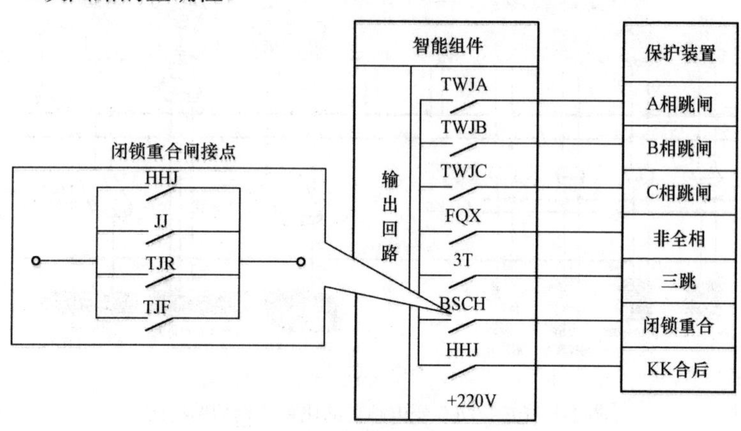

图 2-8　保护操作回路简化示意图

第二节　信息传递与交互差异

一、保护功能回路

智能变电站保护与一次设备，保护与保护之间通过光纤实现信息传递，而综自变电站保护装置主要通过电缆来构建各种功能回路，实现信息交互。两者在保护功能回路实现的方式上虽有诸多差异，但保护判定逻辑是一致的。下面通过硬件、软件等方面的比较来说明智能变电站保护装置与综自变电站保护装置的主要差异。

（一）硬件方面

（1）智能变电站的保护装置取消了 A/D 变换，代之以高速数据接口，采集由合并单元来完成。与综自变电站的保护相比较，智能变电站的保护装置除了没有电压、电流二次电缆回路外，同时取消了 A/D 转换模块和保护屏上的电压小母线。从这方面而言，智能变电站的保护装置不存在二次 TA 开路、TV 短路的风险。

（2）智能变电站的保护装置取消了开入/开出的硬节点，代之以虚端子，通过 GOOSE 报文进行信息交互。一次设备的各种开入量均前移至智能终端处，取消了大量的二次连接电缆，使回路得到简化。

（3）微机保护屏上的保护功能压板在智能变电站的保护装置中均被软压板所代替。

图 2-9～图 2-11 所示分别为智能变电站 220kV 线路保护装置典型功能模块图、智能变电站 110kV 线路保护装置典型功能模块图、智能变电站主变压器保护装置典型功能模块图。

（二）软件方面

智能变电站的保护装置可以通过组态定义，将不需要的保护功能屏蔽，留下所需的功能模块。从远景上来讲，一个智能变电站的保护装置只要通过相应组态，便能在不同的保护功能中转换，而传统的保护装置功能则相对固定。通过装置模板组态工具、系统组态工具、装置事例组态工具，最终得到装置实例配置文件（CID 文件）来实现保护装置的具体功能，如图 2-12 所示。

长镇2R25线第一套保护			
长镇2R25保护电流	保护电流投入软压板	← 收	直采
长镇2R25保护电压	保护电压投入软压板		
A相跳闸出口	跳闸出口软压板	→ 发	直跳
B相跳闸出口			
C相跳闸出口			
重合闸出口	重合闸出口软压板		
闭锁重合闸出口	闭锁重合闸出口软压板		
开关三相位置		← 收	组网
压力低闭锁重合闸			
压力低闭锁跳闸			
启动失灵A相	启动失灵出口软压板	→ 发	
启动失灵B相			
启动失灵C相			

图 2-9　智能变电站 220kV 线路保护装置典型功能模块图

1．虚端子技术

综自变电站保护和测控装置通过端子之间的电缆连接来实现与一、二次设备间的配合。而对于智能变电站而言，装置的开入/开出节点、交流输入及断路器的操作回路均被迁移至过程层中。保护、测控装置基本通过光纤来进行信息交互，其外特性通过 ICD 文件来描述。但为了保留传统功能回路的直观性，智能变电站使用了虚端子这一技术（见图 2-12）：虚端子是一种虚拟端子，反映保护装置的 GOOSE 开入/开出信号，是网络上传递的 GOOSE 变量的起点或终点。

GOOSE 虚端子分为开入虚端子和开出虚端子两大类，其组成包括虚端子号、中文名称以及内部数据属性。保护装置的开入逻辑 1～i 分别定义为开入虚端子 IN_1～IN_i，开出逻辑 1～j 分别定义为开出虚端子 OUT_1～OUT_j。保护装置的虚端子设计需要结合变电站的主接线形式，应能完整体现与其他装置联系的全部信息，并留适量的备用虚端子。

2. 虚端子逻辑联系（见图 2-13）

智能变电站的设计理念使得传统的保护功能回路变成了一个“黑盒”，虚端子逻辑联系图这一概念的引入使得“黑盒”中的回路变得清晰，方便技术人员理解。

虚端子逻辑联系以装置虚端子为基础，根据继电保护原理，将全站二次设备以虚端子连线方式联系起来，直观反映不同间隔层设备、间隔层与过程层设备之间 GOOSE 和 SV 联系全貌。

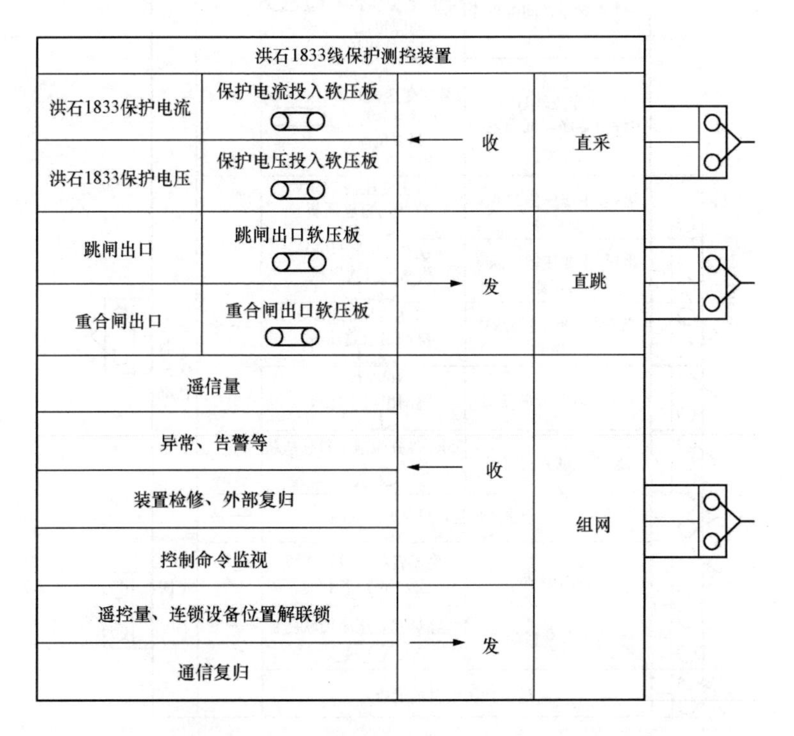

图 2-10　智能变电站 110kV 线路保护装置典型功能模块图

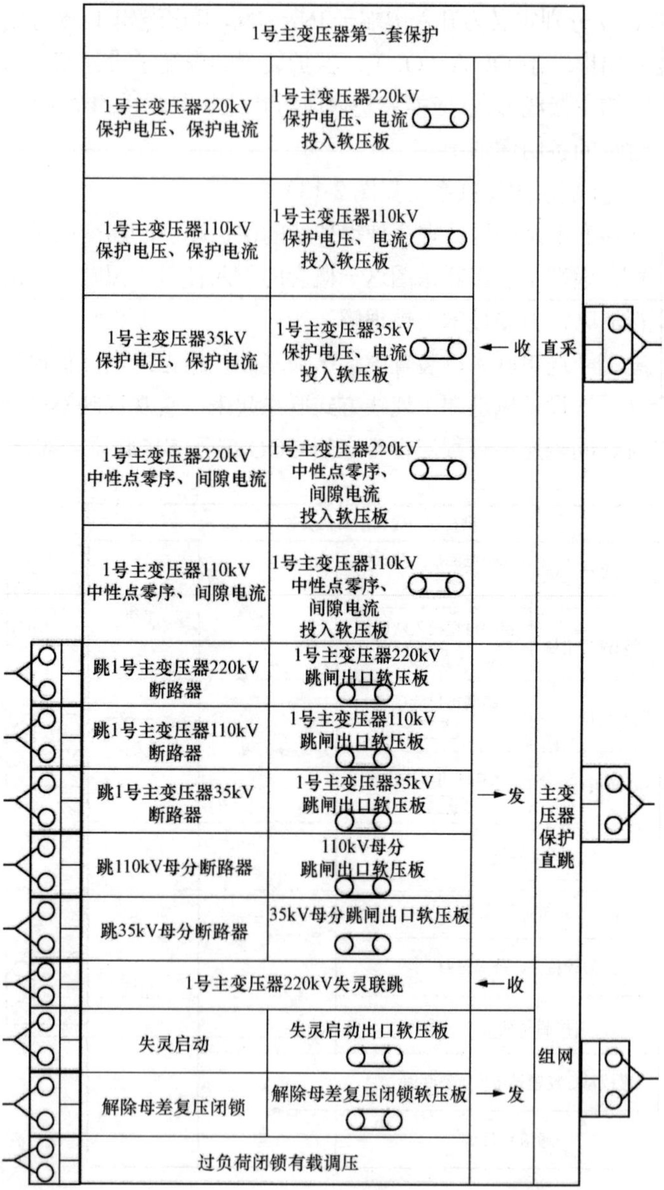

1号主变压器第一套保护

1号主变压器220kV保护电压、保护电流
1号主变压器220kV保护电压、电流投入软压板

1号主变压器110kV保护电压、保护电流
1号主变压器110kV保护电压、电流投入软压板

1号主变压器35kV保护电压、保护电流
1号主变压器35kV保护电压、电流投入软压板

1号主变压器220kV中性点零序、间隙电流
1号主变压器220kV中性点零序、间隙电流投入软压板

1号主变压器110kV中性点零序、间隙电流
1号主变压器110kV中性点零序、间隙电流投入软压板

← 收　直采

跳1号主变压器220kV断路器
1号主变压器220kV跳闸出口软压板

跳1号主变压器110kV断路器
1号主变压器110kV跳闸出口软压板

跳1号主变压器35kV断路器
1号主变压器35kV跳闸出口软压板

跳110kV母分断路器
110kV母分跳闸出口软压板

跳35kV母分断路器
35kV母分跳闸出口软压板

→ 发　主变压器保护直跳

1号主变压器220kV失灵联跳　← 收

失灵启动
失灵启动出口软压板

解除母差复压闭锁
解除母差复压闭锁软压板

→ 发

过负荷闭锁有载调压

组网

图2-11　智能变电站主变压器保护装置典型功能模块图

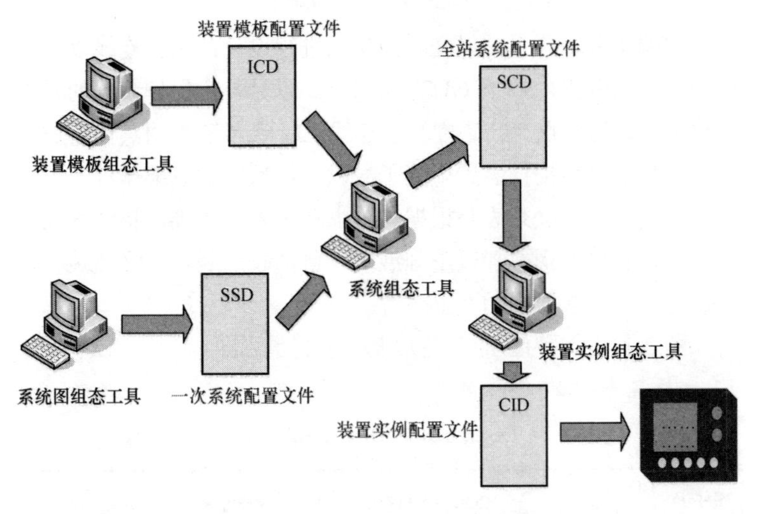

图 2-12　智能变电站装置组态过程图

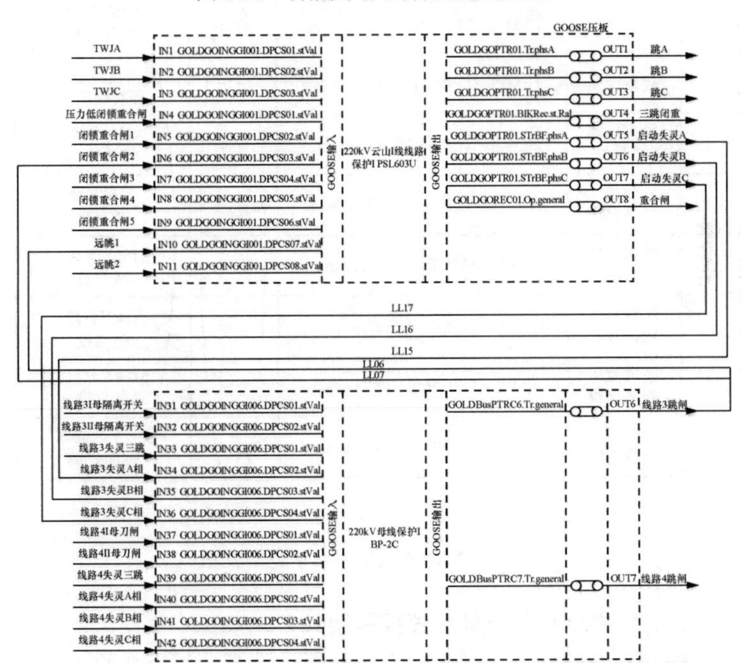

图 2-13　智能变电站虚端子图

虚端子逻辑联系图以间隔为单元进行设计，逻辑连线以某一保护装置的开出虚端子 OUT_x 为起点，以另一个保护装置的开入虚端子 IN_x 为终点。一条虚端子连线 LL_x 表示装置间具体的逻辑联系，其编号可根据装置虚端子号以一定顺序加以编排。

虚端子逻辑联系表是根据装置虚端子表为基础，将装置间逻辑联系以表格的形式加以整理展现，包括起点装置、终点装置、连接方式、虚端子引用及描述等。

图 2-14 所示为智能变电站虚端子逻辑表图。

1号主变压器保护I装置　起点装置　　终端装置

序号	GOOSE开出描述	GOOSE开出引用	连接方式	关联装置
1	跳高压侧	TEMPLATEPI/PTRC2.Tr.general	直连	110kV1号进线智能终端
2	跳低压侧	TEMPLATEPI/PTRC4.Tr.general	直连	1号主变压器低压侧智能终端
3	跳高压侧桥开关	TEMPLATEPI/PTRC6.Tr.general	直连	110kV桥智能终端
4	闭锁桥备自投	TEMPLATEPI/PTRC6.Tr.general	直连	110kV桥备自投
5	跳低压侧分段	TEMPLATEPI/PTRC12.Tr.general	直连	10kV分段备自投
6	闭锁低压侧备自投	TEMPLATEPI/PTRC14.Tr.general	直连	10kV分段备自投
7	闭锁低压侧备自投	TEMPLATEPI/PTRC14.Tr.general	直连	10kV分段备自投
8	闭锁有载调压	TEMPLATEPI/PTRC18.Tr.general	直连	1号主变压器本体智能终端

连接方式

图 2-14　智能变电站虚端子逻辑表图

二、智能变电站一体化监控系统

伴随着智能辅助系统、状态监测系统等各种新设备的大量接入，当前综自变电站内多套系统交互的现象较为普遍。由于缺乏统一的规划，不仅接口复杂，信息交互的效率也受到很大影响。

随着智能电网建设，变电站监控系统也需向调度控制中心的高级应用功能提供可靠的高品质数据。这也就意味这对变电站监控系统的数据校核、数据分析、异常分析提出了更高的要求。同时经过分析校核之后的数据再上传调度控制系统，也有助于减少网络通道上数据堵塞的概率，也能减少调度控制中心高级应用中所需处理的数据量。这一功能在变电站内部信息量巨大，并且区域内厂站数量也巨大的情况下尤为重要。

根据《智能变电站一体化监控系统建设技术规范》（Q/GDW 679—2011），智能变电站一体化监控系统为按照全站信息数字化、通信平台网络化、信息共享标准化的基本要求，通过系统集成优化，实现全站信息的统一接入、统一储存和统一展示，实现运行监视、操作与控制、综合信息分析与智能告警、运行管理和辅助应用等功能。

智能变电站一体化监控系统直接采集变电站内各设备的运行信息，通过标准化接口与各类高级应用进行交互，实现全站数据采集、处理、监视、控制、分析、管理等。

与综自变电站相比，智能变电站一体化监控系统采用了多套新型设备，如数据服务器、综合应用服务器、数据通信网关机等，运行于通过防火墙隔离的安全Ⅰ区和安全Ⅱ区。通过这些设备，有效地实现运行监视、操作控制、信息分析与管理、运行管理、辅助系统等应用，为调度控制中心和生产管理等提供有效数据，是提升智能变电站水平的有力支撑。

第三节　调控处理原则

无论是综自变电站还是智能变电站，“设备不得无保护运行”这是值班调控员在处理变电站继电保护故障遵循的基本原则。相比于综自变电站，智能变电站由于其一次设备智能化、二次设备网络化的特点，二次系统异常调控处理原则也存在相应的差别。

一、设备状态定义

相比于综自变电站，目前运行的智能变电站增加了智能终端、合并单元等智能化及网络化设备，大量使用交换机等网络设备，明确其设备状态定义是调控处理的基础。

（一）智能终端

智能终端设置“跳闸”、“停用”两种状态，具体含义为：

（1）跳闸：装置直流回路正常，放上跳合闸出口硬压板，取下检修状态硬压板。

（2）停用：取下跳合闸出口硬压板，放上检修状态硬压板，电源关闭。

（二）合并单元

合并单元设置“跳闸”、“停用”两种状态，具体含义为：

（1）跳闸：装置直流回路正常，取下检修状态硬压板。

（2）停用：装置直流回路正常，放上检修状态硬压板。

（三）保护装置

保护装置设置（包含保护测控一体化）“跳闸”、“信号”和“停用”三种状态，具体含义为：

（1）跳闸：保护交直流回路正常，主保护、后备保护及相关测控功能软压板投入，GOOSE 跳闸、启动失灵及 SV 接收等软压板投入，保护装置检修状态硬压板取下；智能终端装置直流回路正常，放上跳合闸出口硬压板、测控出口硬压板，取下智能终端检修状态硬压板；合并单元装置直流回路正常，取下合并单元检修状态硬压板。

（2）信号：保护交直流回路正常，主保护、后备保护及相关测控功能软压板投入，跳闸、启动失灵等 GOOSE 出口软压板退出，保护检修状态硬压板取下。

（3）停用：主保护、后备保护及相关测控功能软压板退出，跳闸、启动失灵等 GOOSE 软压板退出，保护检修状态硬压板放上，装置电源关闭。

保护装置有功能软压板、GOOSE 软压板、检修状态硬压板。

二、功能压板介绍

相比于综自变电站，智能变电站大量减少硬压板的设置，而广泛采用软压板。智能变电站设置有保护功能软压板、GOOSE 软压板、SV 软压板、测控功能软压板、控制软压板这五类软压板和检修状态硬压板。

（1）保护功能软压板：相当于微机保护中的功能投入压板，用于投入或退出某种保护的功能性压板。

（2）GOOSE 软压板：相当于微机保护中的跳合闸出口硬压板或启动用硬压板，用于跳（合）闸出口或启动相关保护，三相共用一块 GOOSE 软压板、不分相。GOOSE 软压板 GOOSE 发送软压板、GOOSE 接收软压板。

（3）SV 软压板：相当于以往保护与电流互感器、电压互感器之间的连线。SV 软压板（数据接收压板）按 MU 投入状态控制本端是否接收处理采样数据，正常不进行操作。但如主变压器保护等跨间隔保护中单间隔 MU 投入压板需要在单间隔检修时操作。

（4）测控功能软压板：实现某测控功能的完整投入或退出。

（5）控制软压板：标记保护定值、软压板的远方控制模式，正常不进行操作。例如：远方修改定值、远方切换定值区等。

（6）检修状态硬压板：不同于微机保护中的检修压板，投入该压板时装置 test 位 test=1，其发送的 GOOSE 报文中带入 test 位 test=1，接收侧装置接收的 GOOSE 报文中 test 位 test=1。接收侧装置与接收的 GOOSE 报文中的检修状态进行比较，状态一致则动作、不一致则只做事件记录、不用于动作判别；实现了运行状态的装置和检修状态的装置有效隔离。

三、调控处理原则

（一）调度发令原则

（1）值班调控员仅对保护装置发令，发令按照综自变电站发令模式。合并单元、智能终端、交换机等故障时，值班调控员不进行发令操作，由现场运维人员分析二次设备受影响的范围，申请停役相关保护。

（2）正常运行时 220kV 线路重合闸随微机保护同步投退，值班调控员不再单独发令。如值班调控员单独发令操作投退 220kV 线路重合闸时，运维人员应同时操作两套线路保护重合闸软压板。

（二）异常处理原则

（1）保护装置、合并单元、智能终端异常时，现场运维人员按现场运行规程自行将装置检修压板投入，重启装置一次，重启操作流程及要求应写入现场运行规程。重启后若异常消失则按现场运行规程自行恢复到正常运行状态；如异常没有消失，保持该装置检修压板投入状态，同时将受故障影响的保护停役并汇报调控人员。如合并单元故障，申请相应保护改信号，并通知检修人员处理；如智能终端故障，重启时应取下跳合闸出口硬压板、测控出口硬压板，申请相应的保护改信号，并通知检修人员处理。

（2）GOOSE 交换机异常时，现场运维人员按现场运行规程自行重启一次。重启后异常消失则恢复正常继续运行；如异常没有消失则汇报调控人员，申请退出相关受影响保护装置。GOOSE 交换机更换后重新配置参数并确认正确，接入网络后所有装置运行正常、未报 GOOSE 断链信号，无需试验验证可直接投入运行。

（3）220kV 双重化配置的二次设备，仅单套装置发生故障时，原则上不考虑陪停一次设备，但现场应加强运行监视。

（4）合并单元故障时，线路、母联保护测控一体化装置的控制功能不应退出。

（5）遥控操作通过第一套智能终端装置实现。当第一套智能终端装置故障时，无法对本间隔断路器、隔离开关、接地开关进行遥控操作和远方信号复归，现场应加强运行监视。紧急情况下可操作就地汇控柜的控制开关。

四、设备检修及安全措施要求

（1）设备故障检修按照检修规定使用事故应急抢修单或第一（二）种工作票。值班调控员根据相关安全措施要求停役相关设备并许可工作，值班调控员不涉及具体压板投退的发令操作。

（2）双套配置的合并单元、智能终端需在一次设备不停用条件下、单套停用工作时，应同时停用受该设备影响的所有保护，并由检修人员在工作票中提出对合并单元、智能终端的状态要求作为安全措施，由运维人员操作。

（3）保护测控一体化装置检修时，要求走一次设备检修流程申请，检修计划申报时应注明含测控功能。

（4）检修人员根据智能变电站的特点制定相应的检修处理机制。

1）GOOSE 检修处理机制。

GOOSE 接收端装置应将接收的 GOOSE 报文中的 test 位与装置自身的检修压板状态进行比较，只有两者一致时才将信号作为有效进行处理或动作；对于启动失灵等单位置信号，当检修不一致时，保护将对 GOOSE 不做处理，默认为 FALSE。对于断路器、隔离开关位置等双位置信号，当检修不一致时，保护将保持原状态不变。

2）SV 检修处理机制。

①SV 接收端装置应将接收的 SV 报文中的 test 位与装置自身的检修压板状态进行比较，只有两者一致时才将该信号用于保护逻辑，否则应不参加保护逻辑的计算。对于状态不一致的信号，接收端装置仍应计算和显示其幅值。

②若保护配置为双重化，保护配置的接收采样值控制块的所有合并单元也应双重化。两套保护和合并单元在物理和保护上都完全独立，一套合并单元检修不影响另一套保护和合并单元的运行。

③对于母差保护当某间隔检修 MU 的时候，如果投入了该间隔的 MU 检修硬压板，而 SV 接收软压板仍然是投入状态，由于

仍然能够接收到SV报文，且SV报文中带检修状态字1，而母差保护检修状态为0，则会闭锁母差保护。因此当某间隔检修时，首先退出SV接收软压板，而后投入MU检修硬压板。

④对于主变压器保护，若某侧SV接收压板退出，则该侧后备保护退出，且差动保护不计算该侧。保护装置与MU的检修状态若不一致，则差动保护退出，与主变压器保护检修状态不一致的各侧后备保护退出；如果与各侧MU检修压板都不一致，则差动及所有后备保护都退出。

（5）检修人员根据智能变电站的特点制订相应的检修安全措施保证措施。

1）根据目前技术手段，智能变电站的检修安全措施应该由以下两个方面保证：

①GOOSE及SV发送或接收软压板的退出，可以解决选择性发送或接收信号问题。

②检修压板的投入，可以区分运行状态装置与检修状态装置，并且相关报文将带检修标志送入监控系统。

软压板退出且检修压板投入是目前智能变电站继电保护检修的唯一技术手段，目前还未有其他有效措施。

2）智能变电站的检修安全措施可以分为单装置试验（如需要）和传动试验两个阶段：

①单装置试验时，将与试验装置回路相关的运行装置的GOOSE及SV接收压板退出，或者将间隔压板退出。

对于主变压器或母差保护，当SV接收压板或间隔压板未退出，如果发生SV断链，主变压器或母线差动保护将被闭锁。拔掉试验装置的SV、GOOSE及MMS光纤可保证装置与系统隔离，安全可靠；由于对SV及GOOSE的接收光口唯一性定义，对装置进行试验时也必须将光纤拔出，插入继保测试仪光纤；拔出MMS光纤可以防止试验中大量报警信息发送至监控系统，对监控人员造成信息污染。

②传动试验时，试验装置回路相关的运行装置的 GOOSE 及 SV 接收压板或间隔压板退出；退出试验装置与运行装置回路相关的出口压板；投入试验装置的检修压板。恢复试验装置的光纤回路必须在出口压板退出并且检修压板投入后恢复。

第三章

220kV 智能变电站二次典型异常分析及处理

220kV 智能变电站一般基于 IEC 61850 标准，采用三层两网结构。但随着各项技术的不断成熟与完善，不同时期的智能变电站在设计上会存在一定差别。为了便于探讨分析，结合当前主流智能变电站技术与设计理念，下文构建 220kV 典型智能变电站模型，以此开展异常分析和调控处理。

第一节 变电站概况

一、主接线图

220kV 模型智能变电站主接线方式为 220kV 双母接线，110、35kV 均为单母分段接线，两台主变压器三侧并列运行，主接线图如图 3-1 所示。

二、设备配置

本站 220kV 及 110kV 采用气体绝缘金属封闭开关（GIS）设备，35kV 采用成套封闭式开关柜。主变压器间隔保护、智能终端及合并单元均双重化配置，主变压器本体智能终端单套配置；220kV 间隔保护、智能终端及合并单元均双重化配置；110kV 间隔保护、智能终端、合并单元单套配置；35kV 母设及馈线间隔不配置智能终端和合并单元设备。相关设备清单如表 3-1～表 3-7 所示。

三、网络结构图（见图 3-2）

图 3-3～图 3-7 分别为全站 MMS A/B 网交换机连接示意图、全站站控层 MMS A/B 网交换机光电接口示意图、220kV 开关室 MMS A/B 网交换机光/电接口示意图、110kV 开关室 MMS A/B 网交换机光/电接口示意图、35kV 配电室 MMS A/B 网交换机光/电接口示意图。

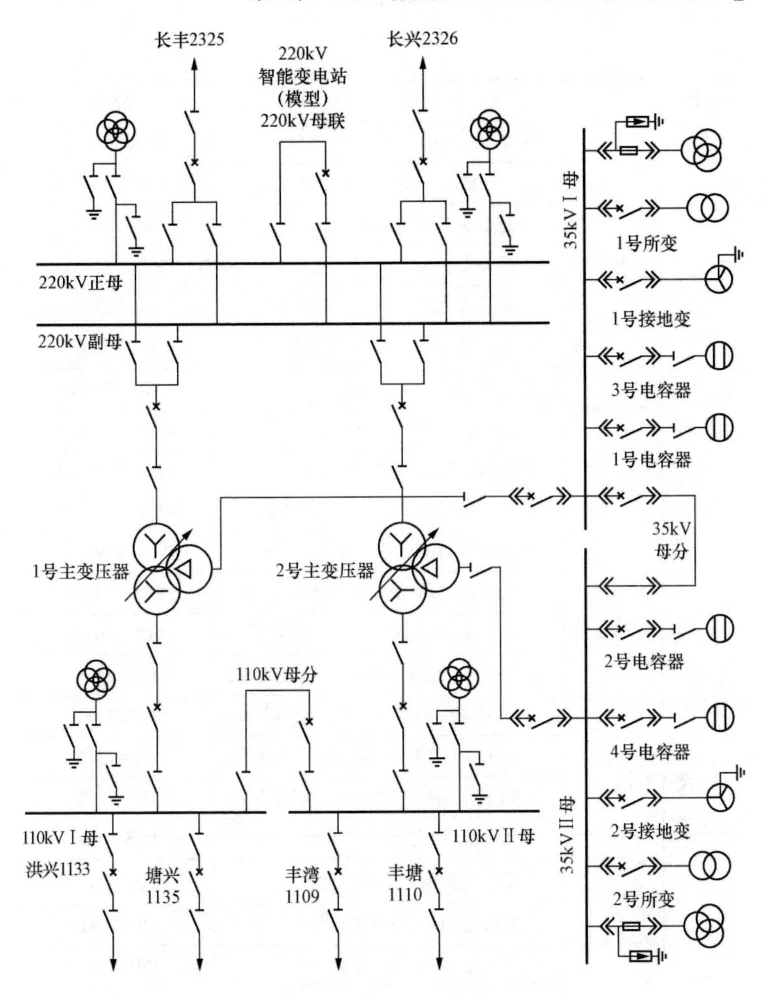

图 3-1　220kV 智能变电站（模型）主接线图

表 3-1　　　　**主变压器间隔设备清单表**

间隔	设备配置		型号
主变压器间隔	保护装置	主变压器第一套保护	PRS-778-D
		主变压器第二套保护	PRS-778-D

续表

间隔	设备配置		型号
主变压器间隔	智能终端	主变压器220kV第一套智能终端	PRS-7789-G
		主变压器220kV第二套智能终端	PRS-7789-G
		主变压器110kV第一套智能终端	PRS-7789-G
		主变压器110kV第二套智能终端	PRS-7789-G
		主变压器35kV第一套智能终端	PRS-7389
		主变压器35kV第二套智能终端	PRS-7389
		主变压器本体智能终端	PRS-761-D
	合并单元	主变压器220kV第一套合并单元	PRS-7379-1-G
		主变压器220kV第二套合并单元	PRS-7379-1-G
		主变压器110kV第一套合并单元	PRS-7379-1-G
		主变压器110kV第二套合并单元	PRS-7379-1-G
		主变压器35kV第一套合并单元	PRS-7393-1
		主变压器35kV第二套合并单元	PRS-7393-1
		主变压器220kV中性点第一套合并单元	PRS-7393
		主变压器220kV中性点第二套合并单元	PRS-7393
		主变压器110kV中性点第一套合并单元	PRS-7393
		主变压器110kV中性点第二套合并单元	PRS-7393
		主变压器铁芯监测合并单元	PRS-7394
	测控装置	主变压器220kV测控装置	PRS-7741
		主变压器110kV测控装置	PRS-7741
		主变压器35kV测控装置	PRS-7741
		主变压器本体测控装置	PRS-7741
	交换机	主变压器220kV过程层A网交换机	WisLink W-2000
		主变压器220kV过程层B网交换机	WisLink W-2000
		主变压器110kV、35kV过程层A网交换机	WisLink W-2000
		主变压器110kV、35kV过程层B网交换机	WisLink W-2000

表 3-2　　220kV 线路间隔设备清单表

间隔	设备配置		型号
220kV 线路间隔	保护装置	220kV 线路第一套微机保护	CSC-103BE
		220kV 线路第二套微机保护	PCS-931GMM-D
	智能终端	220kV 线路第一套智能终端	PRS-7789-G
		220kV 线路第二套智能终端	PRS-7789-G
	合并单元	220kV 线路第一套合并单元	PRS-7393-G
		220kV 线路第二套合并单元	PRS-7393-G
	测控装置	220kV 线路测控装置	PRS-7741
	交换机	220kV 线路过程层 A 网交换机	WisLink W-2000
		220kV 线路过程层 B 网交换机	WisLink W-2000

表 3-3　　220kV 母联间隔设备清单表

间隔	设备配置		型号
220kV 母联间隔	保护装置	220kV 母联第一套保护	PRS-723-D
		220kV 母联第二套保护	PRS-723-D
	智能终端	220kV 母联第一套智能终端	PRS-7789-G
		220kV 母联第二套智能终端	PRS-7789-G
	合并单元	220kV 母联第一套合并单元	PRS-7393-1-G
		220kV 母联第二套合并单元	PRS-7393-1-G
	测控装置	220kV 母联测控装置	PRS-7741
	交换机	220kV 母联过程层 A 网交换机	WisLink W-2000
		220kV 母联过程层 B 网交换机	WisLink W-2000

表 3-4　　220kV 母线间隔设备清单表

间隔	设备配置		型号
220kV 母线间隔	保护装置	220kV 第一套母差保护	PCS-915GA-D
		220kV 第二套母差保护	BP-2C-D
	智能终端	220kV 正母智能终端	PRS-7789-G
		220kV 副母智能终端	PRS-7789-G
	合并单元	220kV 母设第一套合并单元	PRS-7393-1-G
		220kV 母设第二套合并单元	PRS-7393-1-G
	测控装置	220kV 正母测控装置	PRS-7771
		220kV 副母测控装置	PRS-7771
	交换机	220kV 母设过程层 A 网交换机	WisLink W-2000
		220kV 母设过程层 B 网交换机	WisLink W-2000

表 3-5　　110kV 母线间隔设备清单表

间隔	设备配置		型号
110kV 母线间隔	保护装置	110kV 母差保护	BP-2C-D
	智能终端	110kV Ⅰ母智能终端	PRS-7789-G
		110kV Ⅱ母智能终端	PRS-7789-G
	合并单元	110kV 母设第一套合并单元	PRS-7393-1-G
		110kV 母设第二套合并单元	PRS-7393-1-G
	测控装置	110kV Ⅰ母测控装置	PRS-7771
		110kV Ⅱ母测控装置	PRS-7771
	交换机	110kV 母设过程层交换机	WisLink W-2000

表 3-6　　110kV 线路间隔设备清单表

<table>
<tr><th>间隔</th><th colspan="2">设 备 配 置</th><th>型号</th></tr>
<tr><td rowspan="4">110kV
线路
间隔</td><td>保测装置</td><td>110kV 线路保测</td><td>PRS-711-D</td></tr>
<tr><td>智能终端</td><td>110kV 线路智能终端</td><td>PRS-7389-G</td></tr>
<tr><td>合并单元</td><td>110kV 线路合并单元</td><td>PRS-7393-1-G</td></tr>
<tr><td>交换机</td><td>110kV 线路过程层交换机
（两间隔共用一个）</td><td>WisLink W-2000</td></tr>
</table>

表 3-7　　110kV 母分间隔[1]设备清单表

<table>
<tr><th>间隔</th><th colspan="2">设 备 配 置</th><th>型号</th></tr>
<tr><td rowspan="4">110kV
母分
间隔</td><td>保测装置</td><td>110kV 母分保测</td><td>PRS-723-D</td></tr>
<tr><td>智能终端</td><td>110kV 母分智能终端</td><td>PRS-7389-G</td></tr>
<tr><td>合并单元</td><td>110kV 母分合并单元</td><td>PRS-7393-1-G</td></tr>
<tr><td>交换机</td><td>110kV 母分过程层交换机</td><td>WisLink W-2000</td></tr>
</table>

表 3-8　　公 用 设 备 清 单 表

<table>
<tr><th>间隔</th><th colspan="2">设备配置</th><th>型号</th></tr>
<tr><td rowspan="8">公用
设备</td><td rowspan="4">测控装置</td><td>220kV 公用测控装置</td><td>PRS-7771</td></tr>
<tr><td>220kV B 网公用测控装置</td><td>PRS-7771</td></tr>
<tr><td>110kV 公用测控装置</td><td>PRS-7741</td></tr>
<tr><td>110kV B 网公用测控装置</td><td>PRS-742A-M3</td></tr>
<tr><td rowspan="4">交换机</td><td>220kV 过程层 A 网中心交换机</td><td>WisLink W-2000</td></tr>
<tr><td>220kV 过程层 B 网中心交换机</td><td>WisLink W-2000</td></tr>
<tr><td>110kV 过程层 A 网中心交换机</td><td>WisLink W-2000</td></tr>
<tr><td>110kV 过程层 B 网中心交换机</td><td>WisLink W-2000</td></tr>
</table>

[1] 母线分段断路器间隔（以下简称母分间隔）。

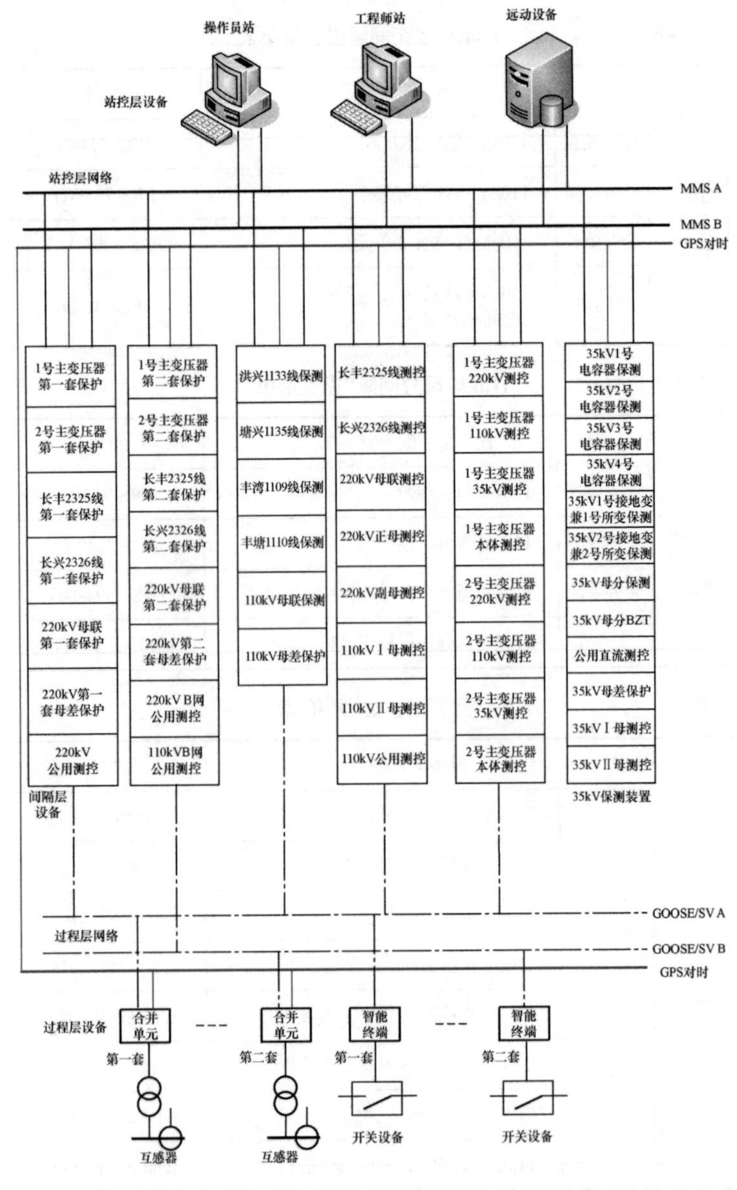

图 3-2　220kV 智能变电站（模型）网络结构图

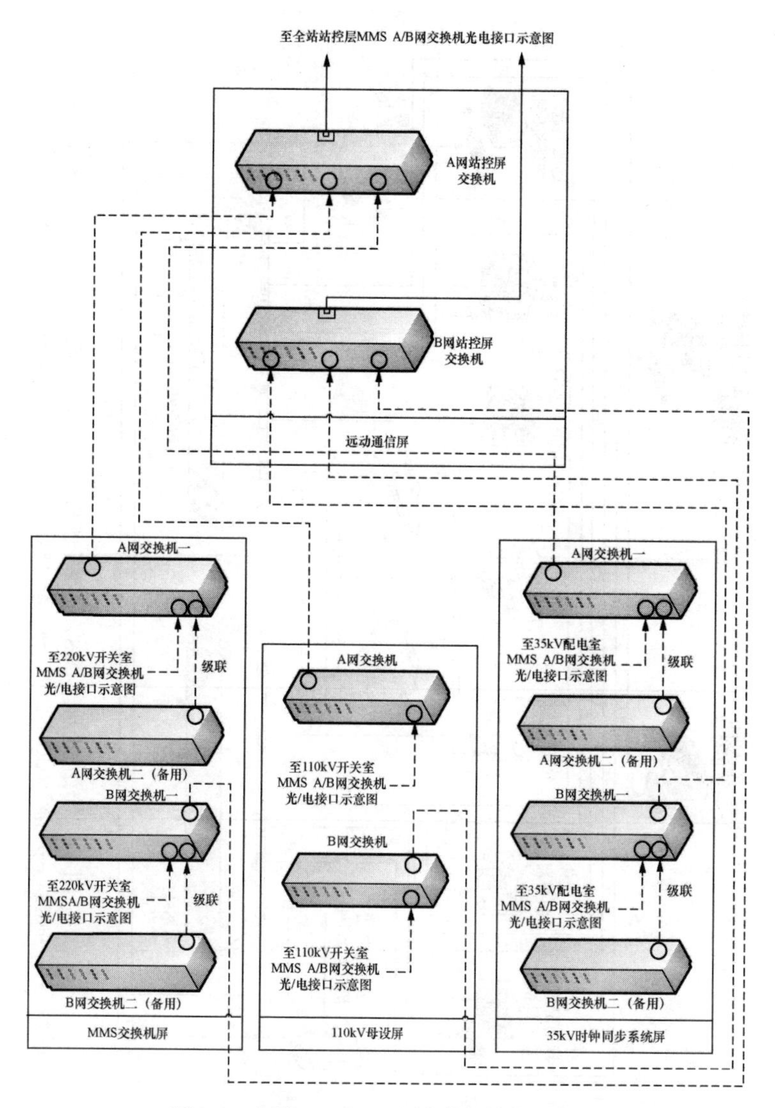

图 3-3　全站 MMS A/B 网交换机连接示意图

—·—电缆　——►网线　--►光纤（GOOSE）　--►光纤（SV）
--►光纤（GOOSE/SV）　网口　○光口

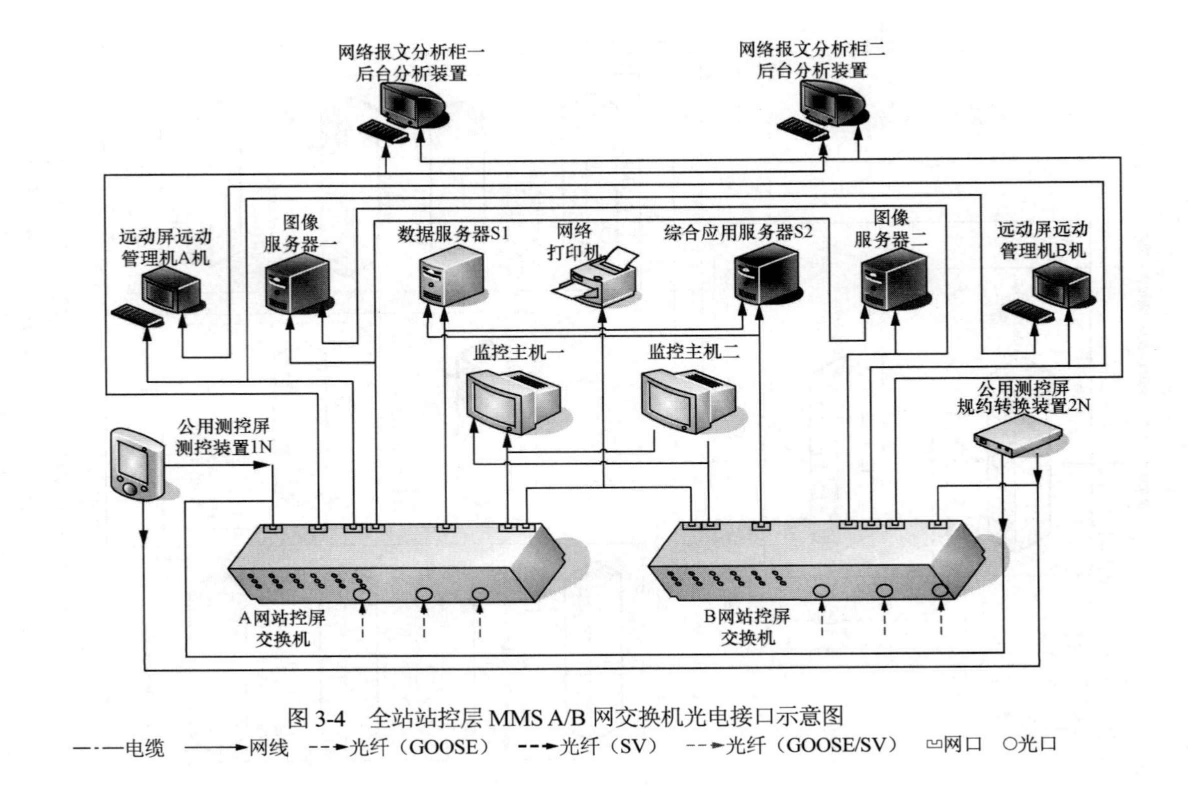

图 3-4 全站站控层 MMS A/B 网交换机光电接口示意图

—·—电缆 ——▶网线 --▶光纤（GOOSE） ━━▶光纤（SV） --▶光纤（GOOSE/SV） 网口 ○光口

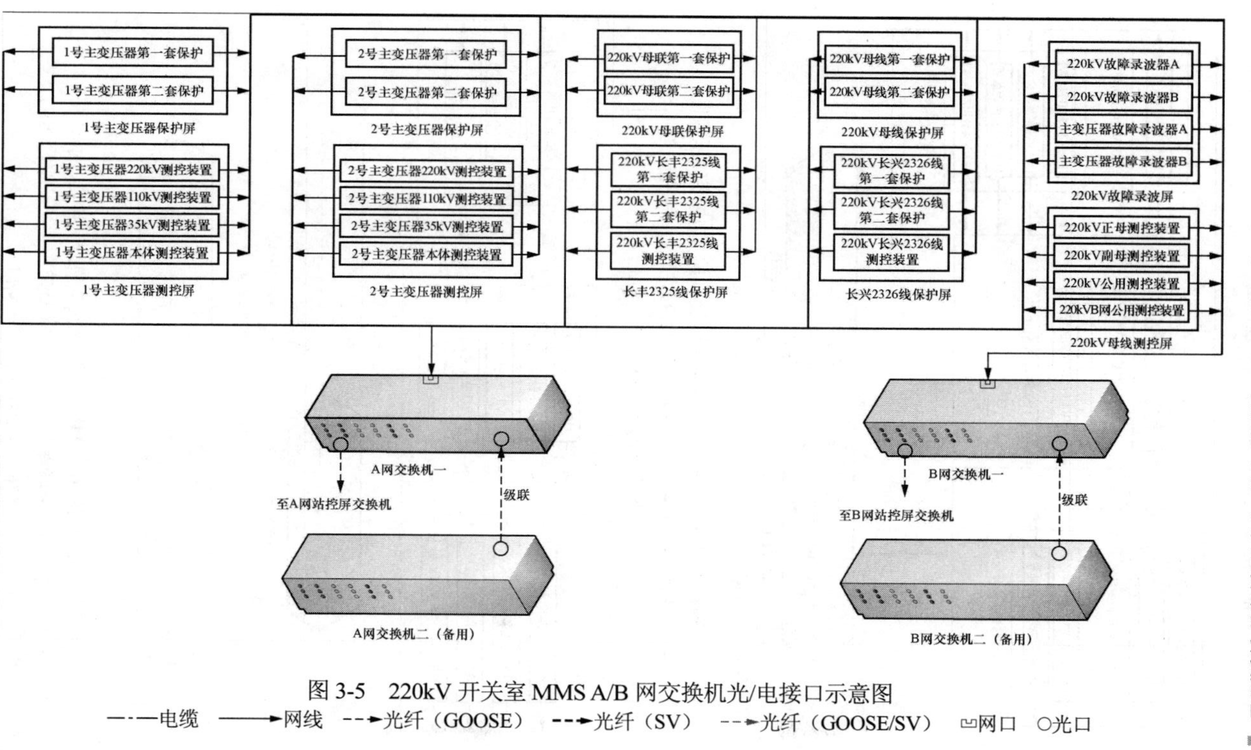

图 3-5　220kV 开关室 MMS A/B 网交换机光/电接口示意图

—·—电缆　——►网线　- -►光纤（GOOSE）　▬ ▬►光纤（SV）　- -►光纤（GOOSE/SV）　⊡网口　○光口

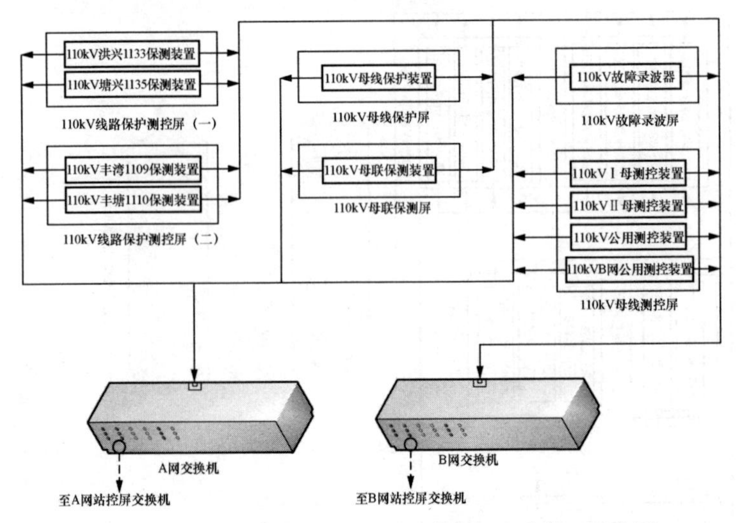

图 3-6 110kV 开关室 MMS A/B 网交换机光/电接口示意图

—·—电缆 ——►网线 - - ►光纤（GOOSE） - - ►光纤（SV）
- - ►光纤（GOOSE/SV） 网口 ○光口

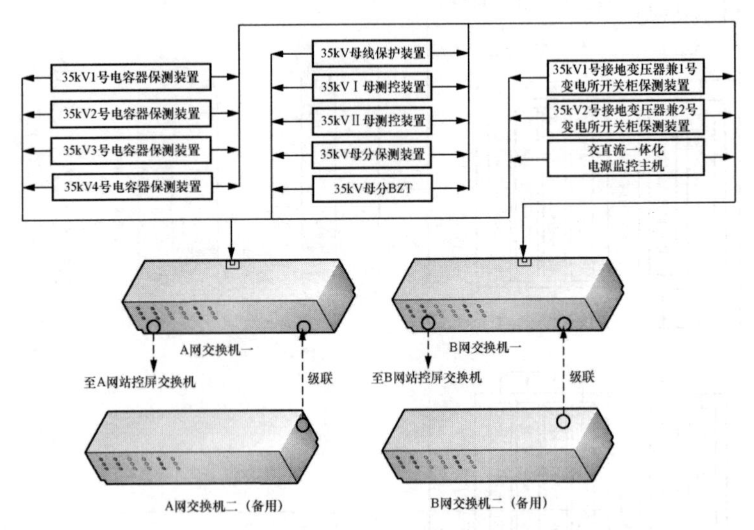

图 3-7 35kV 配电室 MMS A/B 网交换机光/电接口示意图

—·—电缆 ——►网线 - - ►光纤（GOOSE） - - ►光纤（SV）
- - ►光纤（GOOSE/SV） 网口 ○光口

第二节　异常分析及处理

220kV 智能变电站二次系统在运行中常见异常主要有以下三种：装置异常、装置故障和 SV（GOOSE）链路中断。

装置在运行过程中，常会出现一些装置异常告警，但这类告警不会造成装置主要功能退出或闭锁，且不需紧急停用处理，装置仍能继续正常运行。常见的一般异常告警如：网线接口故障造成装置 MMS 通信网中断；网卡故障造成装置 MMS 通信网中断；装置时钟对时不准；其他一般异常告警等。

除一般异常告警外，装置在运行过程中还会出现另一类严重告警情况，这类故障会导致装置失去主要功能，即装置故障。装置故障主要由内部或外部两方面引起，常见的原因有：CPU 插件损坏；电源插件损坏；程序运行出错；装置电源空气开关跳开或外部电源消失等。

SV、GOOSE 网链路中断可分为直采口断链和组网口断链两种类型，常见的原因有：光口本身故障；接口松动；光纤断线；交换机故障等。

智能变电站二次系统中元件异常将对运行造成相应的影响，其影响根据设备间连接及信息交互方式的不同而不同。一般异常告警对装置运行影响较小，这类异常告警发生时，值班调控员无需紧急停役装置进行处理，一般情况下可走缺陷流程排计划消缺，以下章节将不再进行展开。本节将分间隔结合信息流图，重点对其他异常所造成的影响进行详细分析介绍。

一、220kV 线路间隔

220kV 线路保护双重化配置，独立组屏，保护回路完全独立。分别配置两套合并单元及两套智能终端。

（一）信息流图

220kV线路保护信息流图如图3-8和图3-9所示（以长丰2325间隔为例）。

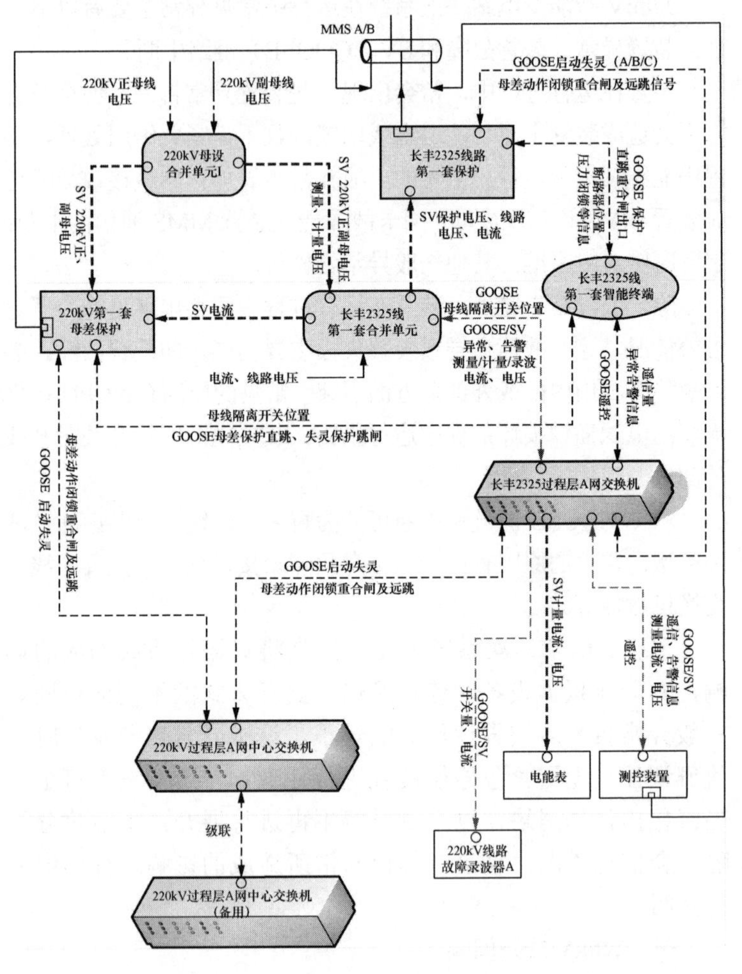

图3-8　长丰2325线第一套保护信息流图

—·—电缆　——►网线　--►光纤（GOOSE）　--►光纤（SV）　--►光纤（GOOSE/SV）　⊔网口　○光口

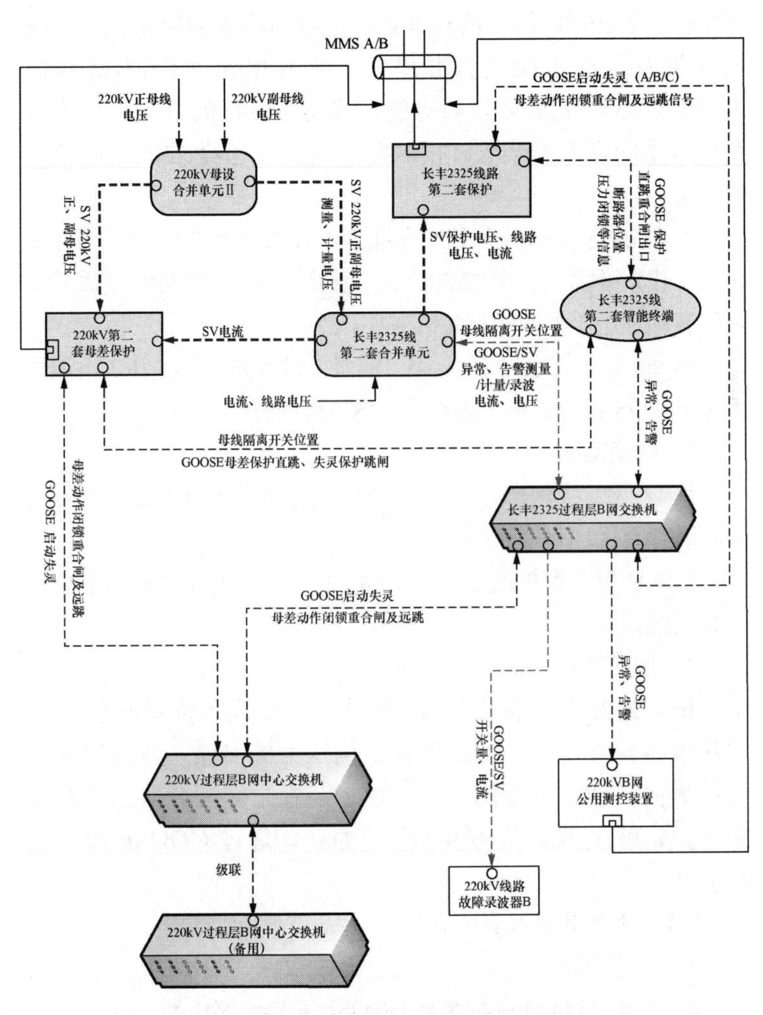

图3-9　长丰2325线第二套保护信息流图

—·—电缆　——▸网线　- - ▸光纤（GOOSE）　- - ▸光纤（SV）

- - ▸光纤（GOOSE/SV）　⊔网口　○光口

1. 采样回路

长丰2325线TA、线路TV通过电缆将本间隔电流、线路电压量发送给本间隔合并单元。合并单元进行模/数转换后，通过SV光纤以点对点的形式将带时标的电压、电流量发送给本间隔保护装置，同时将电流量发送给220kV母差保护装置。

长丰2325线合并单元经光纤SV与220kV母线设备合并单元Ⅰ（Ⅱ）级联，接收220kV正、副母线电压，经母线隔离开关判别后，发送给本间隔保护装置。

另外，长丰2325间隔计量、测量及故障录波器电压、电流均由长丰2325线合并单元通过光纤SV组网发送。

2. 跳闸回路

长丰2325线保护（包括重合闸）通过光纤GOOSE点对点与本间隔智能终端直联直跳。

220kV母差保护通过光纤GOOSE点对点与本间隔智能终端直联直跳。

3. 信息交互

长丰2325线间隔断路器、隔离开关等设备位置信息；一、二次设备异常信息，如断路器机构压力低闭锁、装置异常告警；失灵启动、重合闸闭锁等保护装置之间配合信息以及设备遥控、解/连锁、远方复归等信息，均通过GOOSE组网进行交互。

（二）常见异常及影响分析

1. 链路中断

2. 长丰2325线保护装置GOOSE直连链路中断

长丰2325线保护装置GOOSE直连链路中断现象、信号及重要影响分别如表3-9和表3-10所示。

表 3-9　220kV 线路保护装置 GOOSE 直连链路中断现象及信号列表

装置	现　　象	信　　号
第一套	智能终端装置“运行异常”灯亮 智能终端装置“GSE 通信异常 A”灯亮 第一套保护装置“运行异常”灯亮 保护装置液晶显示相应报文 GOOSE 链路图中该链路信号灯变红	第一套智能终端异常或故障 第一套智能终端 GOOSE 通信中断 第一套保护装置异常
第二套	智能终端装置“运行异常”灯亮 智能终端装置“GSE 通信异常 A”灯亮 第二套保护装置“报警”灯亮 保护装置液晶显示相应报文 GOOSE 链路图中该链路信号灯变红	第二套智能终端异常或故障 第二套智能终端 GOOSE 通信中断 第二套保护装置异常

表 3-10　220kV 线路保护装置 GOOSE 直连链路中断重要影响列表

装置	重　要　影　响
第一套	第一套保护及重合闸均无法出口
第二套	第二套保护及重合闸均无法出口

（1）220kV 母差保护装置与长丰 2325 间隔 GOOSE 直连链路中断。

220kV 母差保护装置与长丰 2325 间隔 GOOSE 直连链路中断现象、信号及重要影响分别如表 3-11 和表 3-12 所示。

表 3-11　220kV 母差保护装置与 220kV 线路间隔 GOOSE 直连链路中断现象及信号列表

装置	现　　象	信　　号
第一套	智能终端装置“运行异常”灯亮 智能终端装置“GSE 通信异常 A”灯亮 220kV 第一套母差保护装置“位置报警”灯亮 保护装置液晶显示相应报文 GOOSE 链路图中该链路信号灯变红	第一套智能终端异常或故障 第一套智能终端 GOOSE 通信中断 220kV 第一套母差保护开入信号异常告警

续表

装置	现　　象	信　　号
第二套	智能终端装置“运行异常”灯亮 智能终端装置“GSE 通信异常 A”灯亮 220kV 第二套母差保护装置“运行异常”灯亮 保护装置液晶显示相应报文 GOOSE 链路图中该链路信号灯变红	第二套智能终端异常或故障 第二套智能终端 GOOSE 通信中断 220kV 第二套母差保护开入信号异常告警

表 3-12　220kV 母差保护装置与 220kV 线路间隔 GOOSE 直连链路中断重要影响列表

装置	重 要 影 响
第一套	220kV 第一套母差保护及失灵保护跳该 220kV 间隔支路无法出口
第二套	220kV 第二套母差保护及失灵保护跳该 220kV 间隔支路无法出口

（2）长丰 2325 线保护 SV 链路中断。

长丰 2325 线保护 SV 链路中断现象、信号及重要影响分别如表 3-13 和表 3-14 所示。

表 3-13　220kV 线路保护 SV 链路中断现象及信号列表

装置	现　　象	信　　号
第一套	第一套保护装置“运行异常”灯亮 保护装置液晶显示相应报文 SV 链路图该链路信号灯变红	第一套保护装置异常 第一套保护装置 TA 断线 第一套保护装置 TV 断线
第二套	第二套保护装置“报警”灯亮 第二套保护装置“TV 断线”灯亮 保护装置液晶显示相应报文 SV 链路图该链路信号灯变红	第二套保护装置异常 第二套保护装置 TA 断线 第二套保护装置 TV 断线

表 3-14　220kV 线路保护 SV 链路中断重要影响列表

装置	重 要 影 响
第一套	第一套保护无法采集电压、电流量，保护失去作用
第二套	第二套保护无法采集电压、电流量，保护失去作用

(3) 长丰 2325 线合并单元与 220kV 母差保护 SV 链路中断。

长丰 2325 线合并单元与 220kV 母差保护 SV 链路中断现象、信号及重要影响分别如表 3-15 和表 3-16 所示。

表 3-15 220kV 线路间隔合并单元与 220kV 母差保护 SV 链路中断现象及信号列表

装置	现　象	信　号
第一套	220kV 第一套母差保护装置"报警"灯亮 220kV 第一套母差保护装置"交流断线"灯亮 保护装置液晶显示相关报文 SV 链路图该链路信号灯变红	220kV 第一套母差保护装置异常 220kV 第一套母差保护装置 TA 断线告警
第二套	220kV 第二套母差保护装置"运行异常"灯亮 220kV 第二套母差保护装置"TA 断线"灯亮 保护装置液晶显示相关报文 SV 链路图该链路信号灯变红	220kV 第二套母差保护装置异常 220kV 第二套母差保护装置 TA 断线告警

表 3-16 220kV 线路间隔合并单元与 220kV 母差保护 SV 链路中断重要影响列表

装置	重 要 影 响
第一套	220kV 第一套母差保护无法采集 220kV 线路间隔电流量，母差保护将自动闭锁
第二套	220kV 第二套母差保护无法采集 220kV 线路间隔电流量，母差保护将自动闭锁

(4) 长丰 2325 线合并单元与 220kV 母线设备（以下简称母设）合并单元 SV 链路中断。

长丰 2325 线合并单元与 220kV 母设合并单元 SV 链路中断现象、信号及重要影响分别如表 3-17 和表 3-18 所示。

表 3-17　220kV 线路间隔合并单元与 220kV 母设合并单元 SV 链路中断现象及信号列表

装置	现　象	信　号
第一套	（线路）第一套合并单元“维修/告警”灯亮 （线路）第一套保护装置“运行异常”灯亮 保护装置液晶显示相关报文 SV 链路图该链路信号灯变红	（线路）第一套合并单元异常或故障 （线路）第一套合并单元通信中断 （线路）第一套保护装置异常 （线路）第一套保护装置 TV 断线
第二套	（线路）第二套合并单元“维修/告警”灯亮 （线路）第二套保护装置“报警”灯亮 （线路）第二套保护装置“TV 断线”灯亮 保护装置液晶显示相关报文 SV 链路图该链路信号灯变红	（线路）第二套合并单元异常或故障 （线路）第二套合并单元通信中断 （线路）第二套保护装置异常 （线路）第二套保护装置 TV 断线

表 3-18　220kV 线路间隔合并单元与 220kV 母设合并单元 SV 链路中断重要影响列表

装置	重 要 影 响
第一套	第一套保护无法采集母线电压量，功率方向元件及距离保护均退出
第二套	第二套保护无法采集母线电压量，功率方向元件及距离保护均退出

（5）长丰 2325 间隔 GOOSE 或 SV 组网链路中断。

长丰 2325 间隔 GOOSE 或 SV 组网链路中断现象、信号及重要影响不一一细分，可能情况如表 3-19 和表 3-20 所示。

表 3-19　220kV 线路间隔 GOOSE 或 SV 组网链路中断现象及信号列表

装置	现　象	信　号
第一套	第一套保护装置“运行异常”灯亮 保护装置液晶显示相应报文 合并单元装置“维修/告警”灯亮	第一套合并单元异常或故障 第一套合并单元通信中断 第一套保护装置异常

续表

装置	现　象	信　号
第一套	测控装置“运行异常”灯亮 电能表告警 220kV线路故障录波器A告警 过程层A网交换机告警且相应链路指示灯熄灭 过程层A网中心交换机告警且相应链路指示灯熄灭	测控装置异常 测控装置过程层通信中断 电能表无源告警 220kV线路故障录波器A告警 过程层第一套交换机故障 220kV过程层A网中心交换机故障
第二套	第二套保护装置“报警”灯亮 保护装置液晶显示相应报文 合并单元装置“维修/告警”灯亮 220kV公用测控B装置“运行异常”灯亮 220kV线路故障录波器B告警 过程层B网交换机告警且相应链路指示灯熄灭 过程层B网中心交换机告警且相应链路指示灯熄灭	第二套合并单元异常或故障 第二套合并单元通信中断 第二套保护装置异常 220kV公用测控B装置异常 220kV公用测控B装置过程层通信中断 220kV线路故障录波器B告警 过程层第二套交换机故障 220kV过程层B网中心交换机故障

表3-20　220kV线路间隔GOOSE/SV组网链路中断重要影响列表

装置	重　要　影　响
第一套	220kV第一套母差保护无法获取220kV线路间隔失灵启动信息 第一合并单元无法获取本间隔母线隔离开关位置信息 测控装置无法采集间隔遥信、遥测，遥控无法执行 电能表无法采集计量电流、电压量 220kV故障录波器A无法采集本间隔电流量、开关量 本间隔一次设备位置信息，一、二次设备异常信息无法上传 本间隔失灵启动、重合闸闭锁等以及设备遥控、解/连锁、远方复归等信息无法交互
第二套	220kV第二套母差保护无法获取220kV线路间隔失灵启动信息 第二合并单元无法获取本间隔母线隔离开关位置信息 第二套合并单元、智能终端异常信号无法上传 220kV故障录波器B无法采集本间隔电流量 本间隔失灵启动、重合闸闭锁等信息无法交互

3．装置故障

（1）保护装置。

长丰 2325 线保护装置故障现象、信号及重要影响分别如表 3-21 和表 3-22 所示。

表 3-21　　220kV 线路保护装置故障现象及信号列表

<table>
<tr><th colspan="2">装置</th><th>现　象</th><th>信　号</th></tr>
<tr><td rowspan="2">第一套</td><td>电源故障</td><td>第一套保护装置面板信号灯熄灭
第一套智能终端装置“运行异常”灯亮
第一套智能终端装置“GSE 通信异常 A”灯亮
GOOSE 链路图中该链路信号灯变红</td><td>第一套保护装置故障
第一套智能终端异常或故障
第一套智能终端 GOOSE 通信中断</td></tr>
<tr><td>插件故障</td><td>第一套保护装置“装置异常”灯亮
保护装置液晶面板显示相应报文</td><td>第一套保护装置故障</td></tr>
<tr><td rowspan="2">第二套</td><td>电源故障</td><td>第二套保护装置面板信号灯熄灭
第二套智能终端装置“运行异常”灯亮
第二套智能终端装置“GSE 通信异常 A”灯亮
GOOSE 链路图中该链路信号灯变红</td><td>第二套保护装置故障
第二套智能终端异常或故障
第二套智能终端 GOOSE 通信中断</td></tr>
<tr><td>插件故障</td><td>第二套保护装置“报警”灯亮
保护装置液晶面板显示相应报文</td><td>第二套保护装置故障</td></tr>
</table>

表 3-22　　220kV 线路保护装置故障重要影响列表

<table>
<tr><th>装置</th><th>重　要　影　响</th></tr>
<tr><td>第一套</td><td>第一套保护无法动作出口
第一套重合闸无法动作出口
第一套失灵保护无法启动
220kV 第一套母差保护无法远跳对侧断路器</td></tr>
<tr><td>第二套</td><td>第二套保护无法动作出口
第二套重合闸无法动作出口
第二套失灵保护无法启动
220kV 第二套母差保护无法远跳对侧断路器</td></tr>
<tr><td>同时闭锁</td><td>线路失去保护，需停役处理或调整方式</td></tr>
</table>

（2）合并单元。

长丰 2325 线合并单元故障现象、信号及重要影响分别如表 3-23 和表 3-24 所示。

表 3-23　　220kV 线路合并单元故障现象及信号列表

装置		现　象	信　号
第一套	电源故障	第一套合并单元装置面板信号灯熄灭 第一套保护装置“运行异常”灯亮 220kV 第一套母差保护装置“报警”灯亮 220kV 第一套母差保护装置“交流断线”灯亮 保护装置液晶面板显示相应报文 测控装置“运行异常”灯亮 220kV 线路故障录波器 A 告警 电能表告警 SV 链路图中该链路信号灯变红	第一套合并单元异常或故障 第一套保护装置异常 第一套保护装置 TA 断线 第一套保护装置 TV 断线 220kV 第一套母差保护装置异常 220kV 第一套母差保护装置 TA 断线 测控装置异常 220kV 线路故障录波器 A 告警 电能表无源告警
	插件故障	第一套合并单元装置“维修/告警”灯亮	第一套合并单元异常或故障
第二套	电源故障	第二套合并单元装置面板信号灯熄灭 第二套保护装置“报警”灯亮 第二套保护装置“TV 断线”灯亮 220kV 第二套母差保护装置“运行异常”灯亮 220kV 第二套母差保护装置“TA 断线”灯亮 保护装置液晶面板显示相应报文 220kV 公用测控 B 装置“运行异常”灯亮 220kV 线路故障录波器 B 告警 SV 链路图中该链路信号灯变红	第二套合并单元异常或故障 第二套保护装置异常 第二套保护装置 TA 断线 第一套保护装置 TV 断线 220kV 第二套母差保护装置异常 220kV 第二套母差保护装置 TA 断线 220kV 公用测控 B 装置异常 220kV 线路故障录波器 B 告警
	插件故障	第二套合并单元装置“维修/告警”灯亮	第二套合并单元异常或故障

表 3-24　　220kV 线路合并单元故障重要影响列表

装置	重　要　影　响
第一套	第一套保护电流、电压无法采集，保护及重合闸失去作用 220kV 第一套母差保护无法采集本支路电流，母差保护闭锁 测控装置无法采集该间隔电压、电流量

续表

装置	重要影响
第一套	220kV 线路录波器 A 无法采集该间隔电流量 电能表无法采集间隔电压、电流量
第二套	第二套保护电流、电压无法采集，保护及重合闸失去作用 220kV 第二套母差保护无法采集本支路电流，母差保护闭锁 220kV 线路录波器 B 无法采集该间隔电流量
同时闭锁	线路失去保护，两套母差均闭锁，需停役处理或调整方式

（3）智能终端。

长丰 2325 线智能终端故障现象、信号及重要影响分别如表 3-25 和表 3-26 所示。

表 3-25　220kV 线路智能终端故障现象及信号列表

装置		现象	信号
第一套	电源故障	第一套智能终端装置面板信号灯熄灭 第一套合并单元装置“维修/告警”灯亮 220kV 第一套母差保护“位置报警”灯亮 第一套保护装置“运行异常”灯亮 保护液晶显示相应报文 测控装置“运行异常”灯亮 GOOSE 链路图中该链路信号灯变红	第一套智能终端异常或故障 220kV 第一套母差保护开入信号异常告警 第一套合并单元异常或故障 测控装置异常 测控装置过程层通信中断
	插件故障	第一套智能终端装置“运行异常”灯亮	第一套智能终端异常或故障
第二套	电源故障	第二套智能终端装置面板信号灯熄灭 第二套合并单元装置“维修/告警”灯亮 220kV 第二套母差保护“运行异常”灯亮 第二套保护装置“报警”灯亮 保护液晶显示相应报文 220kV 公用测控 B 装置“运行异常”灯亮 GOOSE 链路图中该链路信号灯变红	第二套智能终端异常或故障 220kV 第二套母差保护开入信号异常告警 第二套保护装置异常 220kV 公用测控 B 装置异常 第二套合并单元异常或故障
	插件故障	第二套智能终端装置“运行异常”灯亮	第二套智能终端异常或故障

表 3-26　　220kV 线路智能终端故障重要影响列表

装置	重　要　影　响
第一套	第一套保护跳闸及重合闸均无法出口 220kV 第一套母差保护及失灵保护跳本支路均无法出口 第一套保护无法获取本间隔断路器位置信息 本间隔断路器、隔离开关、接地开关无法遥控操作和远方复归 本间隔断路器机构、隔离开关机构位置及异常信号均无法上传。 220kV 第一套母差保护失去本间隔隔离开关位置
第二套	第二套保护跳闸及重合闸均无法出口 220kV 第二套母差保护及失灵保护跳本支路均无法出口 第二套保护无法获取本间隔断路器位置信息 220kV 第二套母差保护失去本间隔隔离开关位置
同时闭锁	保护跳本间隔无法出口，需停役处理或调整方式

（4）测控装置。

长丰 2325 线测控装置故障现象、信号及重要影响分别如表 3-27 和表 3-28 所示。

表 3-27　　220kV 线路测控装置故障现象及信号列表

装置		现　象	信　号
测控装置	电源故障	测控装置面板信号灯熄灭 监控系统该间隔通信中断 第一套智能终端“运行异常”灯亮 第一套智能终端“GSE 通信异常 A”灯亮	测控装置异常 测控装置 MMS 网通信中断
	插件故障	测控装置“装置异常”灯亮 测控装置液晶显示相关报文	测控装置异常

表 3-28　　220kV 线路测控装置故障重要影响列表

装置	重　要　影　响
测控装置	本间隔断路器、隔离开关、接地开关无法遥控操作和远方复归 本间隔断路器机构、隔离开关机构位置及异常信号均无法上传后台及监控 本间隔第一套智能终端闭锁、第一套合并单元闭锁、第一套保护装置闭锁等信号均无法上传 本间隔遥测量均无法采集并上传

（三）调控处理

（1）当发生以下三种异常情况时：

1）长丰 2325 线单套保护装置装置故障；

2）长丰 2325 线单套保护装置 GOOSE 直跳链路中断；

3）长丰 2325 线单套保护装置 SV 采样回路链路中断。

根据异常分析，此时仅影响本线保护及重合闸出口，现场运维人员根据现场运行规程重启相关设备，若重启无效，根据规定单套重合闸停用，不单独发令，值班调控员发令将受影响的保护改信号，并通知检修人员进行处理。

调度令：2-1　长丰 2325 线第一（二）套纵联保护由跳闸改为信号

2-2　长丰 2325 线第一（二）套微机保护由跳闸改为信号

【注】注意线路对侧纵联保护投退。

（2）当发生以下两种异常情况时：

1）220kV 单套母差保护与长丰 2325 线直连 GOOSE 链路中断；

2）220kV 单套母差保护与长丰 2325 线合并单元 SV 链路中断。

现场运维人员根据现场运行规程重启相关设备，若重启无效，根据异常分析，此时值班调控员需发令将受影响的 220kV 母差保护改信号，并通知检修人员处理（具体安措由现场提出）。

调度令：220kV 第一（二）套母差保护由跳闸改为信号

（3）当长丰 2325 线单套智能终端（或合并单元）故障时，长丰 2325 线保护装置，220kV 母差保护均无法跳开本线间隔（或无法正确动作）。运维人员按照现场规程重启该套故障智能终端（或合并单元）装置，若无法恢复则保持停用状态，值班调控员根据现场运维人员所提出的要求，停用相应受影响保护装置，并通知检修人员进行处理（具体安措由现场提出）。

调度令： 3-1 220kV 第一（二）套母差保护由跳闸改为信号
3-2 长丰 2325 线第一（二）套纵联保护由跳闸改为信号
3-3 长丰 2325 线第一（二）套微机保护由跳闸改为信号
【注】 注意线路对侧纵联保护投退。

（4）当长丰 2325 线两套智能终端（或合并单元）同时故障时，运维人员按照现场规程重启智能终端（或合并单元），若重启无效，则长丰 2325 线路间隔需陪停处理，值班调控员可发令将该间隔拉停处理，并通知检修人员进行处理（具体安措由现场提出）。

调度令： 长丰 2325 线由运行改为热备用

（5）当 GOOSE/SV 组网链路中断或测控装置故障时，相关信号均失去监控，值班调控员可将间隔监控权限移交现场运维人员，并通知检修人员进行处理（具体安措由现场提出）。

二、220kV 母联间隔

220kV 母联间隔保护双重化配置，独立组屏，保护回路完全独立。配置两套合并单元及两套智能终端。

（一）信息流图

图 3-10 和图 3-11 分别为 220kV 母联第一套保护信息流程图和 220kV 母联第二套保护信息流程图。

1. 采样回路

220kV 母联 TA 通过电缆将本间隔电流发送给本间隔合并单元。合并单元进行模数转换后，通过 SV 光纤以点对点的形式将电压、电流量发送给本间隔保护装置，同时将电流量发送给 220kV

母差保护装置。

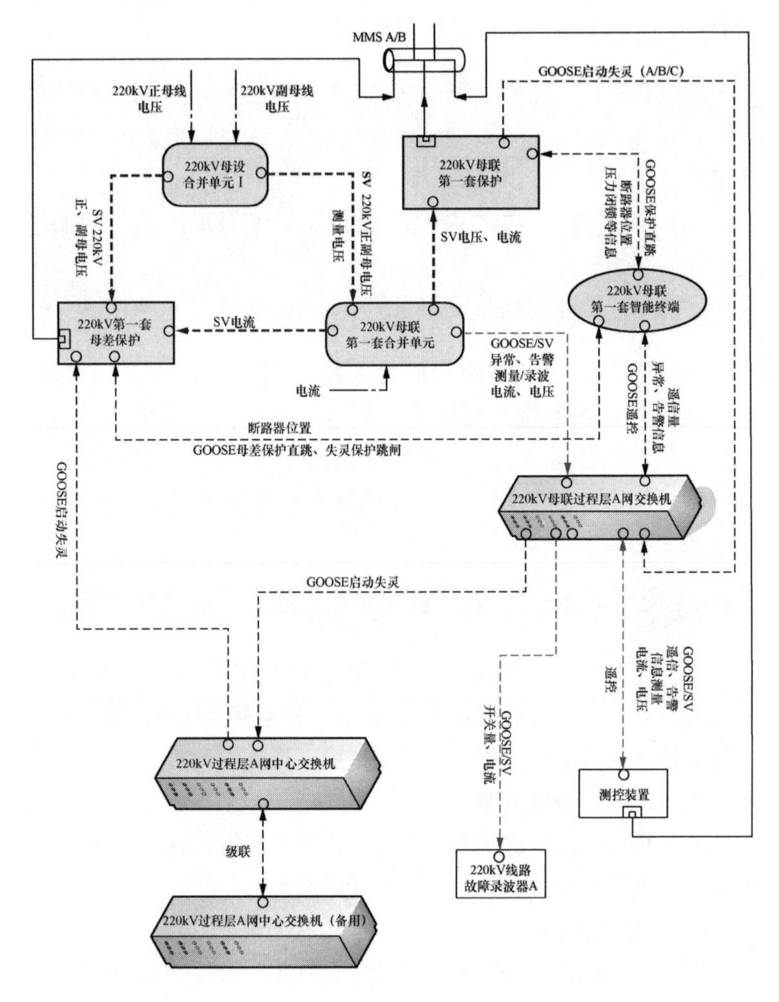

图 3-10　220kV 母联第一套保护信息流图

—·—电缆　——►网线　--►光纤（GOOSE）　---►光纤（SV）　-·-►光纤（GOOSE/SV）　▭网口　○光口

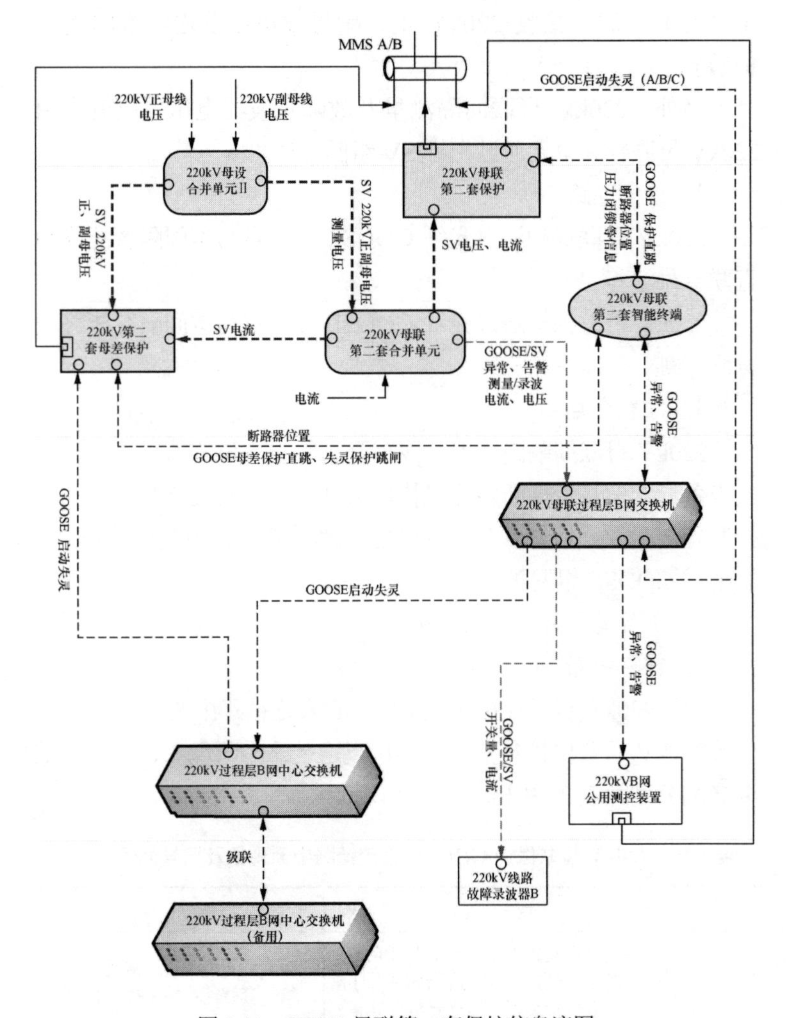

图 3-11　220kV 母联第二套保护信息流图

—·—电缆　——►网线　- - ►光纤（GOOSE）　- - ►光纤（SV）

- - ►光纤（GOOSE/SV）　□网口　○光口

220kV 母联合并单元经光纤 SV 与 220kV 母设合并单元

Ⅰ（Ⅱ）级联，接收 220kV 正、副母线电压发送给本间隔保护装置。

另外，220kV 母联间隔测量及故障录波器电压、电流均由 220kV 母联合并单元通过光纤 SV 组网发送。

2. 跳闸回路

220kV 母联保护通过光纤 GOOSE 点对点与本间隔智能终端直联直跳。

220kV 母差保护通过光纤 GOOSE 点对点与本间隔智能终端直联直跳。

3. 信息交互

220kV 母联间隔断路器、隔离开关等设备位置信息；一、二次设备异常信息，如断路器机构压力低闭锁、装置异常告警；保护装置之间配合信息以及设备遥控、解/连锁、远方复归等信息，均通过 GOOSE 组网进行交互。

（二）常见异常及影响分析

1. 链路中断

（1）220kV 母联保护装置 GOOSE 直连链路中断。

220kV 母联保护装置 GOOSE 直连链路中断现象、信号及重要影响分别如表 3-29 和表 3-30 所示。

表 3-29　220kV 母联保护 GOOSE 直连链路中断现象及信号列表

装置	现　　象	信　　号
第一套	智能终端装置“运行异常”灯亮 智能终端装置“GSE 通信异常 A”灯亮 第一套保护装置“运行异常”灯亮 保护装置液晶显示相应报文 GOOSE 链路图中该链路信号灯变红	第一套智能终端异常或故障 第一套智能终端 GOOSE 通信中断 220kV 母联第一套保护装置异常
第二套	智能终端装置“运行异常”灯亮 智能终端装置“GSE 通信异常 A”灯亮 第二套保护装置“运行异常”灯亮 保护装置液晶显示相应报文 GOOSE 链路图中该链路信号灯变红	第二套智能终端异常或故障 第二套智能终端 GOOSE 通信中断 220kV 母联第二套保护装置异常

表 3-30　220kV 母联保护 GOOSE 直连链路中断重要影响列表

装置	重要影响
第一套	第一套保护无法出口
第二套	第二套保护无法出口

（2）220kV 母差保护装置与 220kV 母联间隔 GOOSE 直连链路中断。

220kV 母差保护装置与 220kV 母联间隔 GOOSE 直连链路中断现象、信号及重要影响分别如表 3-31 和表 3-32 所示。

表 3-31　220kV 母差保护装置与 220kV 母联间隔 GOOSE 直连链路中断现象及信号列表

装置	现象	信号
第一套	智能终端装置“运行异常”灯亮 智能终端装置“GSE 通信异常 A”灯亮 220kV 第一套母差保护装置“位置报警”灯亮 保护装置液晶显示相应报文 GOOSE 链路图中该链路信号灯变红	第一套智能终端异常或故障 第一套智能终端 GOOSE 通信中断 220kV 第一套母差保护开入信号异常告警
第二套	智能终端装置“运行异常”灯亮 智能终端装置“GSE 通信异常 A”灯亮 220kV 第二套母差保护装置“运行异常”灯亮 保护装置液晶显示相应报文 GOOSE 链路图中该链路信号灯变红	第二套智能终端异常或故障 第二套智能终端 GOOSE 通信中断 220kV 第二套母差保护开入信号异常告警

表 3-32　220kV 母差保护装置与 220kV 母联间隔 GOOSE 直连链路中断重要影响列表

装置	重要影响
第一套	220kV 第一套母差保护及失灵跳该 220kV 母联间隔支路无法出口
第二套	220kV 第二套母差保护及失灵跳该 220kV 母联间隔支路无法出口

（3）220kV 母联保护 SV 链路中断。

220kV 母联保护 SV 链路中断现象、信号及重要影响分别如表 3-33 和表 3-34 所示。

表 3-33　220kV 母联保护 SV 链路中断现象及信号列表

装置	现　象	信　号
第一套	第一套保护装置“运行异常”灯亮 保护装置液晶显示相应报文 SV 链路图该链路信号灯变红	220kV 母联保护装置异常
第二套	第二套保护装置“运行异常”灯亮 保护装置液晶显示相应报文 SV 链路图该链路信号灯变红	220kV 母联保护装置异常

表 3-34　220kV 母联保护 SV 链路中断重要影响列表

装置	重 要 影 响
第一套	第一套保护保护失去作用
第二套	第二套保护保护失去作用

（4）220kV 母联合并单元与 220kV 母差保护 SV 链路中断。

220kV 母联合并单元与 220kV 母差保护 SV 链路中断现象、信号及重要影响分别如表 3-35 和表 3-36 所示。

表 3-35　220kV 母联间隔合并单元与 220kV 母差保护 SV 链路中断现象及信号列表

装置	现　象	信　号
第一套	220kV 第一套母差保护装置“报警”灯亮 220kV 第一套母差保护装置“交流断线”灯亮 保护装置液晶显示相关报文 SV 链路图该链路信号灯变红	220kV 第一套母差保护装置异常 220kV 第一套母差保护装置 TA 断线告警
第二套	220kV 第二套母差保护装置“运行异常”灯亮 220kV 第二套母差保护装置“TA 断线”灯亮	220kV 第二套母差保护装置异常 220kV 第二套母差保护装置 TA 断线告警

续表

装置	现　象	信　号
第二套	220kV 第二套母差保护装置“母联互联”灯亮 保护装置液晶显示相关报文 SV 链路图该链路信号灯变红	220kV 第二套母差保护装置异常 220kV 第二套母差保护装置 TA 断线告警

表 3-36　220kV 母联间隔合并单元与 220kV 母差保护 SV 链路中断重要影响列表

装置	重 要 影 响
第一套	220kV 第一套母差保护将自动转为“单母差”方式
第二套	220kV 第二套母差保护将自动转为“单母差”方式

（5）220kV 母联合并单元与 220kV 母设合并单元 SV 链路中断。

220kV 母联合并单元与 220kV 母设合并单元 SV 链路中断现象、信号及重要影响分别如表 3-37 和表 3-38 所示。

表 3-37　220kV 母联间隔合并单元与 220kV 母设合并单元 SV 链路中断现象及信号列表

装置	现　象	信　号
第一套	第一套合并单元装置“维修/告警”灯亮 第一套保护装置“运行异常”灯亮 保护装置液晶显示相关报文 SV 链路图该链路信号灯变红	第一套合并单元异常或故障 第一套合并单元通信中断 220kV 母联第一套保护装置异常
第二套	第二套合并单元装置“维修/告警”灯亮 第二套保护装置“运行异常”灯亮 保护装置液晶显示相关报文 SV 链路图该链路信号灯变红	第二套合并单元异常或故障 第二套合并单元通信中断 220kV 母联第二套保护装置异常

表 3-38　220kV 母联间隔合并单元与 220kV 母设合并单元 SV 链路中断重要影响列表

装置	重要影响
第一套	因 220kV 母联保护为电流保护，保护可以正常动作
第二套	因 220kV 母联保护为电流保护，保护可以正常动作

（6）220kV 母联间隔 GOOSE 或 SV 组网链路中断。

220kV 母联间隔 GOOSE 或 SV 组网链路中断现象、信号及重要影响不一一细分，可能情况如表 3-39 和表 3-40 所示。

表 3-39　220kV 母联间隔 GOOSE 或 SV 组网链路中断现象及信号列表

装置	现象	信号
第一套	测控装置“运行异常”灯亮 保护装置液晶显示相应报文 220kV 线路故障录波器 A 告警 过程层 A 网交换机告警且相应链路指示灯熄灭 过程层 A 网中心交换机告警且相应链路指示灯熄灭	测控装置异常 测控装置过程层通信中断 220kV 线路故障录波器 A 告警 过程层第一套交换机故障 220kV 过程层 A 网中心交换机故障
第二套	220kV 公用测控 B 装置“运行异常”灯亮 保护装置液晶显示相应报文 220kV 线路故障录波器 B 告警 过程层 B 网交换机告警且相应链路指示灯熄灭 过程层 B 网中心交换机告警且相应链路指示灯熄灭	220kV 公用测控 B 装置异常 220kV 公用测控 B 装置过程层通信中断 220kV 线路故障录波器 B 告警 过程层第二套交换机故障 220kV 过程层 B 网中心交换机故障

表 3-40　220kV 母联间隔 GOOSE/SV 组网链路中断重要影响列表

装置	重要影响
第一套	测控装置无法采集间隔遥信、遥测，遥控无法执行 220kV 线路故障录波器无法采集 220kV 母联间隔电流量 本间隔一次设备位置信息，一、二次设备异常信息无法上传 本间设备遥控、解/连锁、远方复归等信息无法交互

续表

装置	重要影响
第二套	第二套合并单元、智能终端异常信号无法上传 220kV 母联第二套保护装置无法获取 220kV 母联间隔断路器位置等信息 220kV 线路故障录波器 B 无法采集本间隔电流量

2. 装置故障

（1）保护装置。

220kV 母联保护装置故障现象、信号及重要影响分别如表 3-41 和表 3-42 所示。

表 3-41　　220kV 母联保护装置故障现象及信号列表

装置		现象	信号
第一套	电源故障	第一套保护装置面板信号灯熄灭 第一套智能终端装置“运行异常”灯亮 第一套智能终端装置“GSE 通信异常 A”灯亮 GOOSE 链路图中该链路信号灯变红	220kV 母联第一套保护装置故障 第一套智能终端异常或故障 第一套智能终端 GOOSE 通信中断
	插件故障	第一套保护装置“运行异常”灯亮 保护装置液晶面板显示相应报文	220kV 母联第一套保护装置故障
第二套	电源故障	第二套保护装置面板信号灯熄灭 第二套智能终端装置“运行异常”灯亮 第二套智能终端装置“GSE 通信异常 A”灯亮 GOOSE 链路图中该链路信号灯变红	220kV 母联第二套保护装置故障 第二套智能终端异常或故障 第二套智能终端 GOOSE 通信中断
	插件故障	第二套保护装置“运行异常”灯亮 保护装置液晶面板显示相应报文	220kV 母联第二套保护装置故障

表 3-42　　220kV 母联保护装置故障重要影响列表

装置	重要影响
第一套	第一套保护无法动作出口
第二套	第二套保护无法动作出口

续表

装置	重要影响
同时闭锁	正常情况下，220kV 母联保护均投信号状态，故 220kV 母联间隔仍能继续运行

（2）合并单元。

220kV 母联合并单元故障现象、信号及重要影响分别如表 3-43 和表 3-44 所示。

表 3-43　220kV 母联合并单元故障现象及信号列表

装置		现　　象	信　　号
第一套	电源故障	第一套合并单元装置面板信号灯熄灭 第一套保护装置“运行异常”灯亮 220kV 第一套母差保护装置“报警”灯亮 220kV 第一套母差保护装置“交流断线”灯亮 保护装置液晶面板显示相应报文 测控装置“运行异常”灯亮 SV 链路图中该链路信号灯变红	第一套合并单元异常或故障 220kV 母联第一套保护装置异常 220kV 第一套母差保护装置异常 220kV 第一套母差保护装置 TA 断线 测控装置异常
	插件故障	第一套合并单元装置“维修/告警”灯亮	第一套合并单元异常或故障
第二套	电源故障	第二套合并单元装置面板信号灯熄灭 第二套保护装置“运行异常”灯亮 220kV 第二套母差保护装置“运行异常”灯亮 220kV 第二套母差保护装置“TA 断线”灯亮 220kV 第二套母差保护装置“母联互联”灯亮 保护装置液晶面板显示相应报文 220kV 公用测控 B 装置“运行异常”灯亮 SV 链路图中该链路信号灯变红	第二套合并单元异常或故障 220kV 母联第二套保护装置异常 220kV 第二套母差保护装置异常 220kV 第二套母差保护装置 TA 断线 220kV 第二套母差保护互联 220kV 公用测控 B 装置异常
	插件故障	第二套合并单元装置“维修/告警”灯亮	第二套合并单元异常或故障

表 3-44　　220kV 母联合并单元故障重要影响列表

装置	重要影响
第一套	第一套保护电流、电压无法采集，保护失去作用 220kV 第一套母差保护无法采集本支路电流，母差保护转为“单母差”方式 测控装置无法采集该间隔电压、电流量 220kV 线路录波器 A 无法采集该间隔电流量
第二套	第二套保护电流、电压无法采集，保护失去作用 220kV 第二套母差保护无法采集本支路电流，母差保护转为“单母差”方式 220kV 线路录波器 B 无法采集该间隔电流量
同时闭锁	220kV 母联两套保护正常情况下均投信号，则 220kV 母联间隔仍能继续运行；220kV 母差转为“单母差”方式，供电可靠性降低

（3）智能终端。

220kV 母联智能终端故障现象、信号及重要影响分别如表 3-45 和表 3-46 所示。

表 3-45　　220kV 母联智能终端故障现象及信号列表

装置		现象	信号
第一套	电源故障	第一套智能终端装置面板信号灯熄灭 220kV 第一套母差保护“位置报警”灯亮 第一套保护装置“运行异常”灯亮 保护液晶显示相应报文 测控装置“运行异常”灯亮 GOOSE 链路图中该链路信号灯变红	第一套智能终端异常或故障 220kV 第一套母差保护开入信号异常告警 220kV 母联第一套保护装置异常 测控装置异常 测控装置过程层通信中断
	插件故障	第一套智能终端装置“运行异常”灯亮	第一套智能终端异常或故障
第二套	电源故障	第二套智能终端装置面板信号灯熄灭 220kV 第二套母差保护“运行异常”灯亮 第二套保护装置“运行异常”灯亮 保护液晶显示相应报文 220kV 公用测控 B 装置“运行异常”灯亮 GOOSE 链路图中该链路信号灯变红	第二套智能终端异常或故障 220kV 母联第二套保护装置异常 220kV 第二套母差保护开入信号异常告警 220kV 公用测控 B 装置异常
	插件故障	第二套智能终端装置“运行异常”灯亮	第二套智能终端异常或故障

表 3-46　　220kV 母联智能终端故障重要影响列表

装置	重要影响
第一套	第一套保护跳闸、220kV 第一套母差保护跳本支路均无法出口 第一套保护无法获取本间隔断路器位置信息 本间隔断路器、隔离开关、接地开关无法遥控操作和远方复归 本间隔断路器机构、隔离开关机构位置及异常信号均无法上传 220kV 第一套母差保护失去本间隔断路器位置
第二套	第二套保护跳闸、220kV 第二套母差保护跳本支路均无法出口 第二套保护无法获取本间隔断路器位置信息 220kV 第二套母差保护失去本间隔断路器位置
同时闭锁	保护均无法跳开本间隔断路器，本间隔停役或调整方式

（4）测控装置。

220kV 母联测控装置故障现象、信号及重要影响分别如表 3-47 和表 3-48 所示。

表 3-47　　220kV 母联测控装置故障现象及信号列表

装置		现象	信号
测控装置	电源故障	测控装置面板信号灯熄灭 监控系统 220kV 母联间隔通信中断 第一套智能终端“运行异常”灯亮 第一套智能终端“GSE 通信异常 A”灯亮	测控装置异常 测控装置 MMS 网通信中断
	插件故障	测控装置“装置异常”灯亮 测控装置液晶显示相关报文	测控装置异常

表 3-48　　220kV 母联测控装置故障重要影响列表

装置	重要影响
测控装置	本间隔断路器、隔离开关、接地开关无法遥控操作和远方复归 本间隔断路器机构、隔离开关机构位置及异常信号均无法上传后台及监控 本间隔第一套智能终端闭锁、第一套合并单元闭锁、第一套保护装置闭锁等信号均无法上传 本间隔遥测量均无法采集并上传

（三）调控处理

（1）当发生以下三种异常情况时：

1）220kV 母联保护装置故障；

2）220kV 母联保护装置 GOOSE 直连链路中断；

3）220kV 母联保护装置 SV 采样回路链路中断。

根据异常分析，此时仅影响本间隔第一（二）保护出口。正常运行方式下，220kV 母联两套保护均处信号状态，现场运维人员根据现场运行规程重启相关设备，若重启无效，则值班调控员通知检修人员进行处理。

（2）当发生以下两种异常情况时：

1）220kV 母差单套保护与 220kV 母联间隔 GOOSE 直连链路中断；

2）220kV 母联单套合并单元与 220kV 母差保护 SV 链路中断。

现场运维人员根据现场运行规程重启相关设备，若重启无效，根据异常分析，此时值班调控员发令将受影响的 220kV 母差保护改信号，并通知检修人员处理（具体安全措施由现场提出）。

调度令：220kV 第一（二）套母差保护由跳闸改为信号

（3）当 220kV 两套母差保护与 220kV 母联间隔 GOOSE 直连链路同时中断时：

现场运维人员根据现场运行规程重启相关设备，若重启无效，根据异常分析，此时值班调控员视电网实际运行情况，具备条件的可停役 220kV 母联间隔（注意相关方式调整），并通知检修人员处理（具体安措由现场提出）。

调度令：220kV 母联开关由运行改为热备用

【注】注意 110kV、35kV 侧方式调整。

（4）当发生以下两种异常情况时：

1）220kV 两套母联合并单元同时故障；

2）220kV 两套母联合并单元与 220kV 母差保护 SV 链路同时中断。

根据异常分析，两套220kV母差保护均自动转为“单母差”方式，值班调控员可结合当时情况灵活处理。

（5）当220kV母联单套智能终端（或合并单元）故障时，受影响的220kV母联保护装置、220kV母差保护均无法跳开本间隔断路器（或母差自动转为单母差方式）。现场运维人员根据现场运行规程重启该故障智能终端（或合并单元）装置，若重启无效，则保持停用状态；值班调控员根据现场运维人员提出要求停用相应受影响保护装置，并通知检修人员进行处理（具体安措由现场提出）。

调度令：220kV第一（二）套母差保护由跳闸改为信号

（6）当220kV母联两套智能终端同时故障时，现场运维人员根据现场运行规程重启故障智能终端装置，若重启无效，则保持停用状态；值班调控员视电网实际运行情况，具备条件的可停役220kV母联间隔（注意相关方式调整），并根据现场运维人员所提出的要求，停用受影响保护装置，通知检修人员进行处理（具体安措由现场提出）。

调度令：220kV母联开关由运行改为热备用
【注】注意110kV、35kV侧方式调整。

（7）当组网GOOSE/SV链路中断或测控装置故障时，相关信号均失去监控，值班调控员可将间隔监控权限移交现场运维人员，并通知检修人员进行处理（具体安措由现场提出）。

三、220kV母线间隔

220kV母差保护双重化配置，独立组屏，保护回路完全独立；220kV母线间隔配置220kV正、副母设智能终端以及220kV母设合并单元Ⅰ、Ⅱ。

（一）信息流图

图3-12和图3-13分别为220kV母线第一套信息流图和220kV母线第二套信息流图。

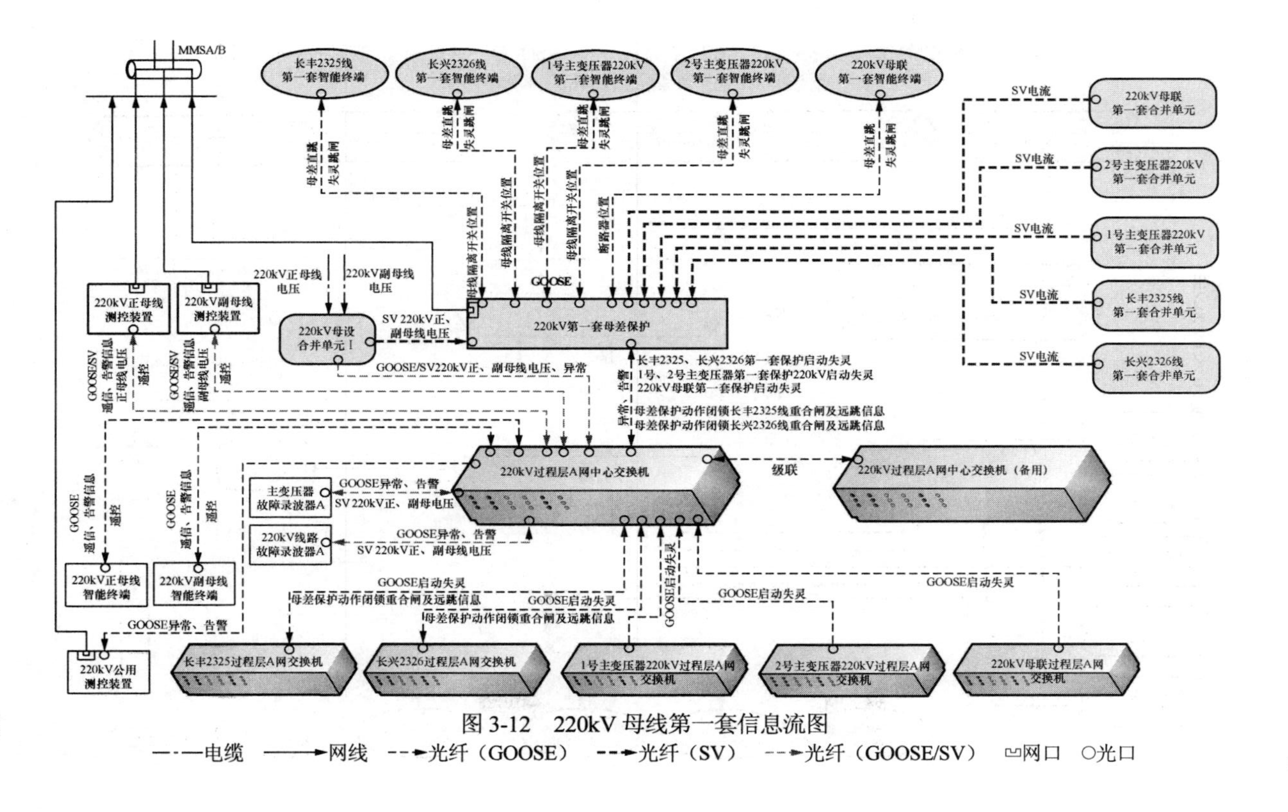

图 3-12　220kV 母线第一套信息流图

—·—电缆　——▶网线　--▶光纤（GOOSE）　--▶光纤（SV）　--▶光纤（GOOSE/SV）　网口　○光口

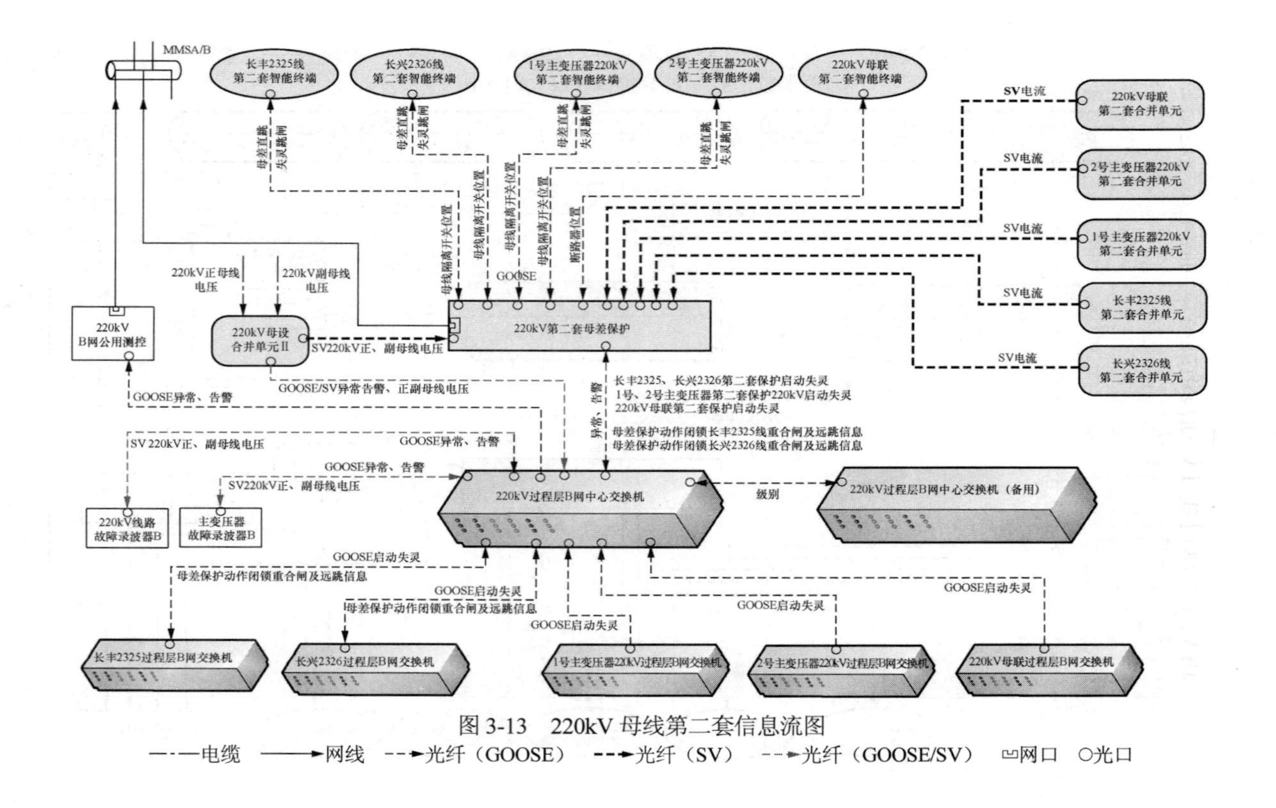

图 3-13　220kV 母线第二套信息流图

1. 采样回路

220kV正、副母线TV通过电缆将本间隔电压发送给220kV母设合并单元Ⅰ、Ⅱ。合并单元进行模数转换后，通过SV光纤以点对点的形式将电压量发送给220kV母差保护装置。

220kV各间隔合并单元经光纤SV点对点将本间隔电流发送给220kV母差保护。

另外，220kV正、副母线测量及220kV、主变压器故障录波器电压均由220kV母设合并单元通过光纤SV组网发送。

2. 跳闸回路

220kV母差保护及失灵跳闸通过光纤GOOSE点对点与220kV各间隔智能终端直联直跳。

3. 信息交互

220kV母线间隔压力低闭锁、隔离开关等位置信息、设备遥控及解连锁、装置异常或告警、装置检修远方复归、220kV各间隔失灵启动等信息均通过GOOSE组网进行交互。

（二）常见异常及影响分析

1. 链路中断

（1）220kV母差保护与220kV支路间隔GOOSE直连链路中断。

220kV母差保护与220kV支路间隔GOOSE直连链路中断现象、信号及重要影响分别如表3-49和表3-50所示。

表3-49　220kV母差保护与220kV支路间隔GOOSE直连链路中断现象及信号列表

装置	现　象	信　号
第一套	（断链支路）智能终端“运行异常”灯亮 （断链支路）智能终端“GSE通信异常A”灯亮 220kV第一套母差保护装置“位置报警”灯亮 保护装置液晶显示相应报文 GOOSE链路图中该链路信号灯变红	（断链支路）第一套智能终端异常或故障 （断链支路）第一套智能终端GOOSE通信中断 220kV第一套母差保护开入信号异常告警

续表

装置	现　象	信　号
第二套	（断链支路）智能终端“运行异常”灯亮 （断链支路）智能终端“GSE 通信异常 A”灯亮 220kV 第二套母差保护装置“运行异常”灯亮 保护装置液晶显示相应报文 GOOSE 链路图中该链路信号灯变红	（断链支路）第一套智能终端异常或故障 （断链支路）第一套智能终端 GOOSE 通信中断 220kV 第二套母差保护开入信号异常告警

表 3-50　220kV 母差保护与 220kV 支路间隔 GOOSE 直连链路中断重要影响列表

装置	重 要 影 响
第一套	220kV 第一套母差保护及失灵保护无法跳开该支路间隔断路器
第二套	220kV 第二套母差保护及失灵保护无法跳开该支路间隔断路器

（2）220kV 母差保护与 220kV 母设合并单元Ⅰ（Ⅱ）SV 链路中断。

220kV 母差保护与 220kV 母设合并单元Ⅰ（Ⅱ）SV 链路中断现象、信号及重要影响分别如表 3-51 和表 3-52 所示。

表 3-51　220kV 母差保护与 220kV 母设合并单元Ⅰ（Ⅱ）SV 链路中断现象及信号列表

装置	现　象	信　号
第一套	220kV 第一套母差保护装置“报警”灯亮 220kV 第一套母差保护装置“交流断线”灯亮 保护装置液晶显示相关报文 SV 链路图中该信号灯变红	220kV 第一套母差保护装置异常
第二套	220kV 第二套母差保护装置“运行异常”灯亮 220kV 第二套母差保护装置“TV 断线”灯亮 保护装置液晶显示相关报文 SV 链路图中该信号灯变红	220kV 第二套母差保护装置异常

表 3-52 220kV 母差保护与 220kV 母设合并单元 Ⅰ（Ⅱ）SV 链路中断重要影响列表

装置	重要影响
第一套	220kV 第一套母差保护无法采集 220kV 母线电压量，220kV 母差保护复合电压闭锁开放
第二套	220kV 第二套母差保护无法采集 220kV 母线电压量，220kV 母差保护复合电压闭锁开放

（3）220kV 母差保护与 220kV 支路间隔合并单元 SV 链路中断。

1）220kV 母差保护与 220kV 线路间隔合并单元 SV 链路中断现象、信号及重要影响如表 3-7 和表 3-8 所示。

2）220kV 母差保护与 220kV 母联间隔合并单元 SV 链路中断现象、信号及重要影响如表 3-27 和表 3-28 所示。

（4）220kV 母线间隔 GOOSE/SV 链路中断。

220kV 母线间隔 GOOSE/SV 链路中断现象、信号及重要影响不一一细分，可能情况如表 3-53 和表 3-54 所示。

表 3-53 220kV 母线间隔 GOOSE/SV 链路中断现象及信号列表

装置	现象	信号
第一套	220kV 正母线测控装置“运行异常”灯亮 220kV 副母线测控装置“运行异常”灯亮 220kV 线路故障录波器 A 告警 主变压器故障录波器 A 告警 过程层 A 网中心交换机告警且相应链路指示灯熄灭	220kV 正母线测控装置异常 220kV 正母线测控装置过程层通信中断 220kV 副母线测控装置异常 220kV 副母线测控装置过程层通信中断 220kV 线路故障录波器 A 告警 主变压器故障录波器 A 告警 220kV 过程层 A 网中心交换机故障
第二套	220kV 公用测控 B 装置“运行异常”灯亮 220kV 线路故障录波器 B 告警 主变压器故障录波器 B 告警 过程层B网中心交换机告警且相应链路指示灯熄灭	220kV 公用测控 B 装置过程层通信中断 220kV 线路故障录波器 B 告警 主变压器故障录波器 B 告警 220kV 过程层 B 网中心交换机故障

表 3-54 220kV 母线间隔 GOOSE/SV 链路中断重要影响列表

装置	重要影响
第一套	220kV 第一套母差保护无法获取 220kV 各间隔失灵启动信息 220kV 正母线测控装置无法采集 220kV 正母线间隔遥信、遥测，遥控无法执行 220kV 线路故障录波器 A 无法采集 220kV 正、副母线电压量 主变压器故障录波器 A 无法采集 220kV 正、副母线电压量 220kV 正、副母线线间隔一次设备位置信息，一二次设备异常信息无法上传 220kV 正、副母线间隔设备遥控、解/连锁、远方复归等信息无法交互 220kV 各间隔第一套母差失灵启动信息无法交互
第二套	220kV 第二套母差保护无法获取 220kV 各间隔失灵启动信息 220kV 母设合并单元Ⅱ异常信号无法上传 220kV 线路故障录波器 B 无法采集 220kV 正、副母线电压量 主变压器故障录波器 B 无法采集 220kV 正、副母线电压量 220kV 各间隔第二套母差失灵启动信息无法交互

2. 装置闭锁

（1）220kV 母差保护装置。

220kV 母差保护装置故障现象、信号及重要影响如表 3-55 和表 3-56 所示。

表 3-55 220kV 母差保护装置故障现象及信号列表

装置		现象	信号
第一套	电源故障	220kV 第一套母差保护装置面板信号灯熄灭 （各支路）第一套智能终端“运行异常”灯亮 （各支路）第一套智能终端“GSE 通讯异常 A”灯亮 GOOSE 链路图中相关链路信号灯变红	220kV 第一套母差保护装置故障 （支路）第一套智能终端异常或故障 （支路）第一套智能终端 GOOSE 通信中断
	插件故障	220kV 第一套母差保护装置“装置异常”灯亮 保护装置液晶面板显示相应报文	220kV 第一套母差保护装置故障

续表

装置		现　　象	信　　号
第二套	电源故障	220kV 第二套母差保护装置面板信号灯熄灭 （各支路）第二套智能终端“运行异常”灯亮 （各支路）第二套智能终端“GSE 通信异常 A”灯亮 GOOSE 链路图中相关链路信号灯变红	220kV 第二套母差保护装置故障 （支路）第二套智能终端异常或故障 （支路）第二套智能终端 GOOSE 通信中断
	插件故障	220kV 第二套母差保护装置“装置异常”灯亮 保护装置液晶面板显示相应报文	220kV 第二套母差保护装置故障

表 3-56　　220kV 母差保护装置故障重要影响列表

装置	重　要　影　响
第一套	220kV 第一套母差保护无法动作出口 220kV 第一套母差失灵保护无法动作出口 220kV 第一套母差保护无法远跳对侧断路器
第二套	220kV 第二套母差保护无法动作出口 220kV 第二套母差失灵保护无法动作出口 220kV 第二套母差保护无法远跳对侧断路器
同时闭锁	若两套母差保护装置同时闭锁，则 220kV 母线失去速切保护，必要时需调整相应保护时限或改变运行方式

（2）合并单元。

220kV 母设合并单元故障现象、信号及重要影响如表 3-57 和表 3-58 所示。

表 3-57　　220kV 母设合并单元故障现象及信号列表

装置		现　　象	信　　号
母设 I	电源故障	220kV 母设合并单元 I 面板信号灯熄灭 （支路）第一套合并单元“维修/告警”灯亮 220kV 线路第一套保护“运行异常”灯亮	220kV 母设合并单元 I 装置异常或故障 （支路）第一套合并单元异常或故障

续表

装置		现　　象	信　　号
母设Ⅰ	电源故障	220kV 母联第一套保护“运行异常”灯亮 主变压器第一套保护“运行异常”灯亮 220kV 第一套母差保护装置“报警”灯亮 220kV 第一套母差保护装置“交流断线”灯亮 保护装置液晶显示相关报文 220kV 正母线测控装置“运行异常”灯亮 220kV 副母线测控装置“运行异常”灯亮 220kV 线路故障录波器 A 告警 主变压器故障录波器 A 告警 各间隔电能表告警 SV 链路图中相关链路信号灯变红	（支路）第一套合并单元通信中断 1 号（2 号）主变压器 220kV 第一套合并单元异常或故障 1 号（2 号）主变压器 220kV 第一套合并单元通信中断 （线路间隔）第一套保护装置异常 （线路间隔）第一套保护装置 TV 断线 220kV 母联第一套保护装置异常 220kV 第一套母差保护装置异常 220kV 正母线测控装置异常 220kV 副母线测控装置异常 220kV 线路故障录波器 A 告警 主变压器故障录波器 A 告警 （各间隔）电能表无源告警
	插件故障	220kV 母设合并单元Ⅰ“维修/告警”灯亮	220kV 母设合并单元Ⅰ装置异常或故障
母设Ⅱ	电源故障	220kV 母设合并单元Ⅱ面板信号灯熄灭 （支路）第二套合并单元“维修/告警”灯亮 220kV 线路第二套保护“运行异常”灯亮 220kV 母联第二套保护“运行异常”灯亮 主变压器第二套保护“运行异常”灯亮 220kV 第二套母差保护装置“运行异常”灯亮 220kV 第二套母差保护装置“交流断线”灯亮 保护装置液晶显示相关报文 220kV 公用测控 B 装置“运行异常”灯亮 220kV 线路故障录波器 B 告警	220kV 母设合并单元Ⅱ装置异常或故障 （支路）第二套合并单元异常或故障 （支路）第二套合并单元通信中断 1 号（2 号）主变压器 220kV 第二套合并单元异常或故障 1 号（2 号）主变压器 220kV 第二套合并单元通信中断 （线路间隔）第二套保护装置异常 （线路间隔）第二套保护装置 TV 断线 220kV 母联第二套保护装置异常 220kV 第二套母差保护装置异常

续表

装置		现　象	信　号
母设Ⅱ	电源故障	主变压器故障录波器 B 告警 SV 链路图中相关链路信号灯变红	220kV 公用测控 B 装置异常 220kV 线路故障录波器 B 告警 主变压器故障录波器 B 告警
	插件故障	220kV 母设合并单元Ⅱ“维修/告警”灯亮	220kV 母设合并单元Ⅱ装置异常或故障

表 3-58　　220kV 母设合并单元故障重要影响列表

装置	重 要 影 响
母设Ⅰ	220kV 各线路间隔第一套保护电压无法采集，距离保护闭锁，方向元件退出 主变压器第一套保护无法采集 220kV 母线电压，复合电压闭锁开放，220kV 侧保护方向元件退出 220kV 第一套母差保护无法采集 220kV 母线电压，复合电压闭锁开放 220kV 正、副母线测控装置无法采集母线电压量 220kV 线路故障录波器 A 及主变压器故障录波器 A 无法采集 220kV 母线电压量
母设Ⅱ	220kV 各线路间隔第二套保护电压无法采集，距离保护闭锁，方向元件退出 主变压器第二套保护无法采集 220kV 母线电压，复合电压闭锁开放，保护方向元件失去作用 220kV 第二套母差保护无法采集 220kV 母线电压，复合电压闭锁开放 220kV 线路故障录波器 B 及主变压器故障录波器 B 无法采集 220kV 母线电压量

（3）智能终端。

220kV 母设智能终端故障现象、信号及重要影响如表 3-59 和表 3-60 所示。

表 3-59　　220kV 母设智能终端故障现象及信号列表

装置		现　象	信　号
正母设	电源故障	220kV 正母线智能终端面板信号灯熄灭 220kV 正母线测控装置“运行异常”灯亮 GOOSE 链路图中该链路信号灯变红	220kV 正母线智能终端异常或故障 220kV 正母线测控装置异常

续表

装置		现　象	信　号
正母设	插件故障	220kV 正母线智能终端“运行异常”灯亮	220kV 正母线智能终端异常或故障
副母设	电源故障	220kV 副母线智能终端面板信号灯熄灭 220kV 副母线测控装置“运行异常”灯亮 GOOSE 链路图中该链路信号灯变红	220kV 副母线智能终端异常或故障 220kV 副母线测控装置异常
	插件故障	220kV 副母线智能终端“运行异常”灯亮	220kV 副母线智能终端异常或故障

表 3-60　　220kV 母设智能终端故障重要影响列表

装置	重 要 影 响
正母设	220kV 正母线间隔压变隔离开关、接地开关及 220kV 正母线接地隔离开关无法遥控操作和远方复归 220kV 正母线间隔设备位置及异常信号均无法上传
副母设	220kV 副母线间隔压变隔离开关、接地开关及 220kV 副母线接地隔离开关无法遥控操作和远方复归 220kV 副母线间隔设备位置及异常信号均无法上传

（4）测控装置。

220kV 母设测控装置故障现象、信号及重要影响如表 3-61 和表 3-62 所示。

表 3-61　　220kV 母设测控及 220kV 公用测控 B 装置故障现象及信号列表

装置		现　象	信　号
正母测控	电源故障	220kV 正母线测控装置面板信号灯熄灭 监控系统 220kV 正母线设间隔通信中断 220kV 正母线智能终端“运行异常”灯亮 220kV 正母线智能终端“GSE 通信异常 A”灯亮	220kV 正母线测控装置异常 220kV 正母线测控装置 MMS 网通信中断

续表

装置		现　　象	信　　号
正母测控	插件故障	220kV 正母线测控装置“装置异常”灯亮 220kV 正母线测控装置液晶显示相关报文	220kV 正母线测控装置异常
副母测控	电源故障	220kV 副母线测控装置面板信号灯熄灭 监控系统 220kV 副母线设间隔通信中断 220kV 副母线智能终端“运行异常”灯亮 220kV 副母线智能终端“GSE 通信异常 A”灯亮	220kV 副母线测控装置异常 220kV 副母线测控装置 MMS 网通信中断
	插件故障	220kV 副母线测控装置“装置异常”灯亮 220kV 副母线测控装置液晶显示相关报文	220kV 副母线测控装置异常
公用测控 B	电源故障	220kV 公用测控 B 装置面板信号灯熄灭	220kV 公用测控 B 装置异常 220kV 公用测控 B 装置 MMS 网通信中断
	插件故障	220kV 公用测控 B 装置“装置异常”灯亮	220kV 公用测控 B 装置异常

表 3-62　　220kV 母设测控及 220kV 公用测控 B 装置故障重要影响列表

装置	重　要　影　响
正母测控	220kV 正母线压变隔离开关、接地开关及正母线接地开关无法遥控操作和远方复归 220kV 正母线间隔设备位置及异常信号均无法上传至后台及监控 220kV 正母线智能终端闭锁、220kV 母设合并单元 I 闭锁等信号均无法上传 220kV 第一母线差保护装置闭锁信号均无法上传 220kV 正母线电压遥测量均无法采集并上传
副母测控	220kV 副母线压变隔离开关、接地开关及副母线接地开关无法遥控操作和远方复归 220kV 副母线间隔设备位置及异常信号均无法上传至后台及监控 220kV 副母线智能终端闭锁、220kV 母设合并单元 II 闭锁等信号均无法上传

续表

装置	重 要 影 响
副母测控	220kV 第二母差保护装置闭锁信号均无法上传 220kV 副母线电压遥测量均无法采集并上传
公用测控B	220kV 各间隔第二套合并单元、第二套智能终端异常等信号均无法上传

（三）调控处理

（1）当发生以下四种异常情况时：

1）220kV 单套母差保护装置故障；

2）220kV 单套母差保护装置 GOOSE 直连链路中断；

3）220kV 单套母差保护与支路间隔合并单元 SV 链路中断；

4）220kV 单套母差保护与 220kV 母设合并单元 SV 链路中断。

根据异常分析，以上第一、二种情况会导致 220kV 母差保护及失灵保护均无法出口；第三种情况会导致 220kV 母差保护闭锁或转为“单母差”方式；第四种情况时，因 220kV 母差保护复合电压闭锁开放，母差保护可能误动。现场运维人员根据现场运行规程重启相关设备，若重启无效，因 220kV 母差保护双重化配置，值班调控员可发令将 220kV 单套母差保护改信号，并通知检修人员进行处理。

调度令：220kV 第一（二）套母差保护由跳闸改为信号

（2）当发生以下四种异常情况时：

1）220kV 两套母差保护同时故障；

2）220kV 两套母差保护与线路或主变压器间隔 GOOSE 直连链路同时中断；

3）220kV 母差保护与线路或主变压器间隔两套合并单元 SV 链路同时中断；

4）220kV 两套母差保护与 220kV 母设合并单元Ⅰ、Ⅱ同时 SV 链路中断。

现场运维人员根据现场运行规程重启相关设备，若重启无效，根据异常分析，此时值班调控员需发令将 220kV 两套母差保护改信号，调整相应保护时限，并通知检修人员处理（具体安措由现场提出）。（母联间隔调控处理见第三章相关章节）

调度令： 4-1 220kV 第一套母差保护由跳闸改为信号

4-2 220kV 第二套母差保护由跳闸改为信号

4-3 220kV 母联第一套过流解列保护由信号改为跳闸（定值Ⅰ）

4-4 220kV 母联第二套过流解列保护由信号改为跳闸（定值Ⅰ）

220kV 线路对侧变电站，正令：

4-1 长丰 2325 线第一套保护距离灵敏段时限由正常时限改为 0.5s

4-2 长丰 2325 线第二套保护距离灵敏段时限由正常时限改为 0.5s

4-3 长兴 2326 线第一套保护距离灵敏段时限由正常时限改为 0.5s

4-4 长兴 2326 线第二套保护距离灵敏段时限由正常时限改为 0.5s

（3）220kV 母设智能终端故障时，值班调控员许可现场运维人员按照现场规程重启该套故障智能终端装置，若重启后恢复正常则异常消除；若无法恢复则保持停用状态，通知检修人员进行处理（具体安措由现场提出）。

（4）220kV 母设合并单元Ⅰ（或Ⅱ）故障，可根据影响停用相应保护，许可现场运维人员按照现场规程重启该合并单元装置，若重启后恢复正常则恢复相应保护投跳；若无法恢复则保持停用状态，通知检修人员进行处理（具体安措由现场提出）。

调度令：5-1　220kV 第一（二）套母差保护由跳闸改为信号
5-2　长丰 2325 线第一（二）套保护由跳闸改为信号
5-3　长兴 2326 线第一（二）套保护由跳闸改为信号
5-4　1 号主变压器第一（二）套 220kV 后备保护由跳闸改为信号
5-5　2 号主变压器第一（二）套 220kV 后备保护由跳闸改为信号

【注】因 220kV 间隔保护均双重化配置，可停用单套受影响的保护。

（5）当 220kV 母设合并单元Ⅰ、Ⅱ闭锁同时故障时，现场运维人员根据现场运行规程重启故障合并单元，若重启无效，值班调控员停用相关受影响的保护，调整相应保护时限或运行方式，并通知检修人员进行处理（具体安措由现场提出）。

调度令：4-1　220kV 第一套母差保护由跳闸改为信号
4-2　220kV 第二套母差保护由跳闸改为信号
4-3　220kV 母联第一套过流解列保护由信号改为跳闸（定值Ⅰ）
4-4　220kV 母联第二套过流解列保护由信号改为跳闸（定值Ⅰ）

220kV 线路对侧变电站，正令：
4-1　长丰 2325 线第一套保护距离灵敏段时限由正常时限改为 0.5s
4-2　长丰 2325 线第二套保护距离灵敏段时限由正常时限改为 0.5s
4-3　长兴 2326 线第一套保护距离灵敏段时限由正常时限改为 0.5s
4-4　长兴 2326 线第二套保护距离灵敏段时限由正常时限改为 0.5s

【注】因主变压器保护 220kV 侧复合电压闭锁开放，调控许可运维人员退出主变压器保护 220kV 侧复合电压；根据规定，220kV 母差保护停用时间不超过四小时可不调整保护相应时限。

（6）当组网 GOOSE/SV 链路中断或测控装置故障时，相关信号均失去监控，值班调控员可将间隔监控权限移交现场运维人员，并通知检修人员进行处理（具体安措由现场提出）。

四、主变压器间隔

主变压器保护双重化配置，独立组屏，保护回路完全独立；主变压器三侧分别配置两套合并单元及两套智能终端；主变压器 220kV、110kV 侧分别配置两套中性点合并单元，主变压器本体配置一套智能终端（同时实现主变压器非电量保护功能）和一套主变压器铁芯监测合并单元装置。

（一）信息流图

图 3-14 和图 3-15 分别为 1 号主变压器第一套保护信息流图和 1 号主变压器第二套保护信息流图。

1. 采样回路

主变压器 TA 通过电缆将本间隔电流发送给间隔合并单元。合并单元进行模数转换后，通过 SV 光纤以点对点的形式将电流量发送给本间隔保护装置，同时将电流量发送给 220kV 母差保护装置。

主变压器合并单元经光纤 SV 与 220kV 母设合并单元Ⅰ（Ⅱ）级联，接收 220kV 正、副母线电压，经母线隔离开关判别后，发送给本间隔保护装置。

另外，本间隔计量、测量及故障录波器电压、电流均由主变压器合并单元通过光纤 SV 组网发送。

2. 跳闸回路

主变压器保护通过光纤 GOOSE 点对点与本间隔智能终端直联直跳。

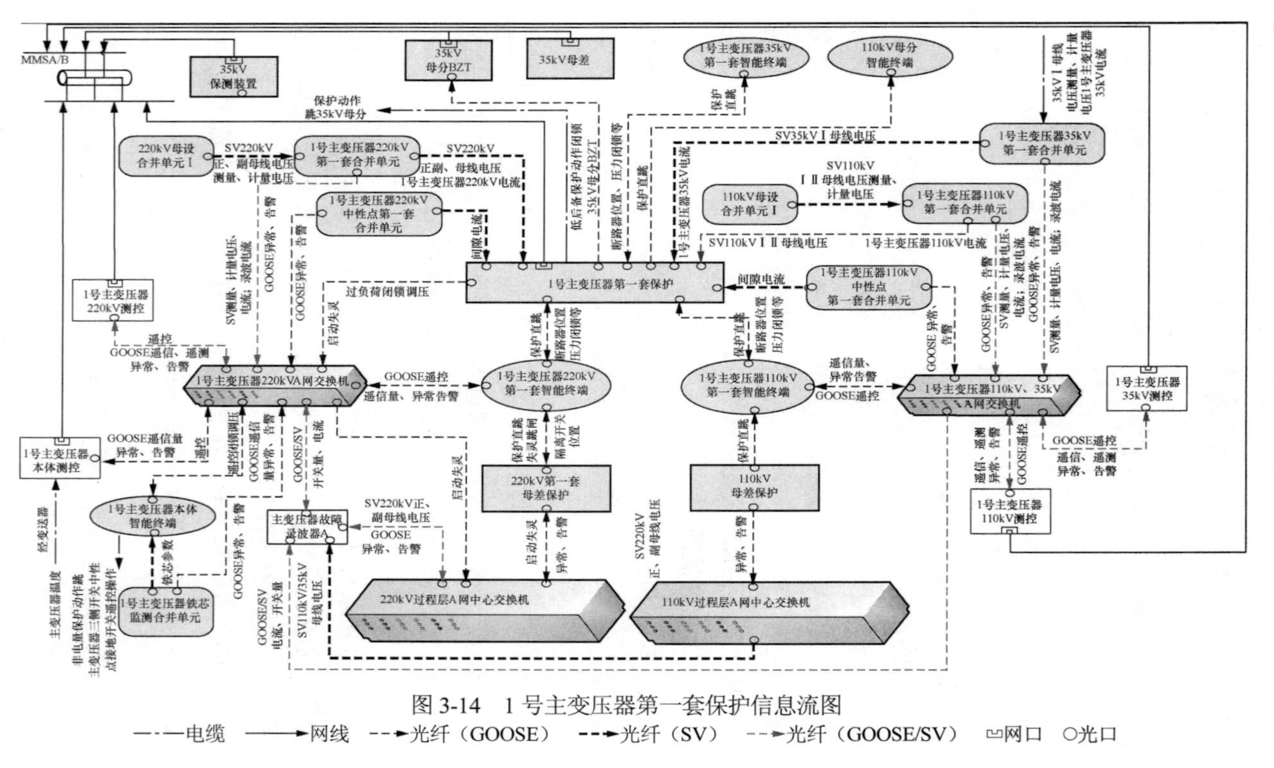

图 3-14　1 号主变压器第一套保护信息流图

—·—电缆　——▸网线　--▸光纤（GOOSE）　--▸光纤（SV）　--▸光纤（GOOSE/SV）　▫网口　○光口

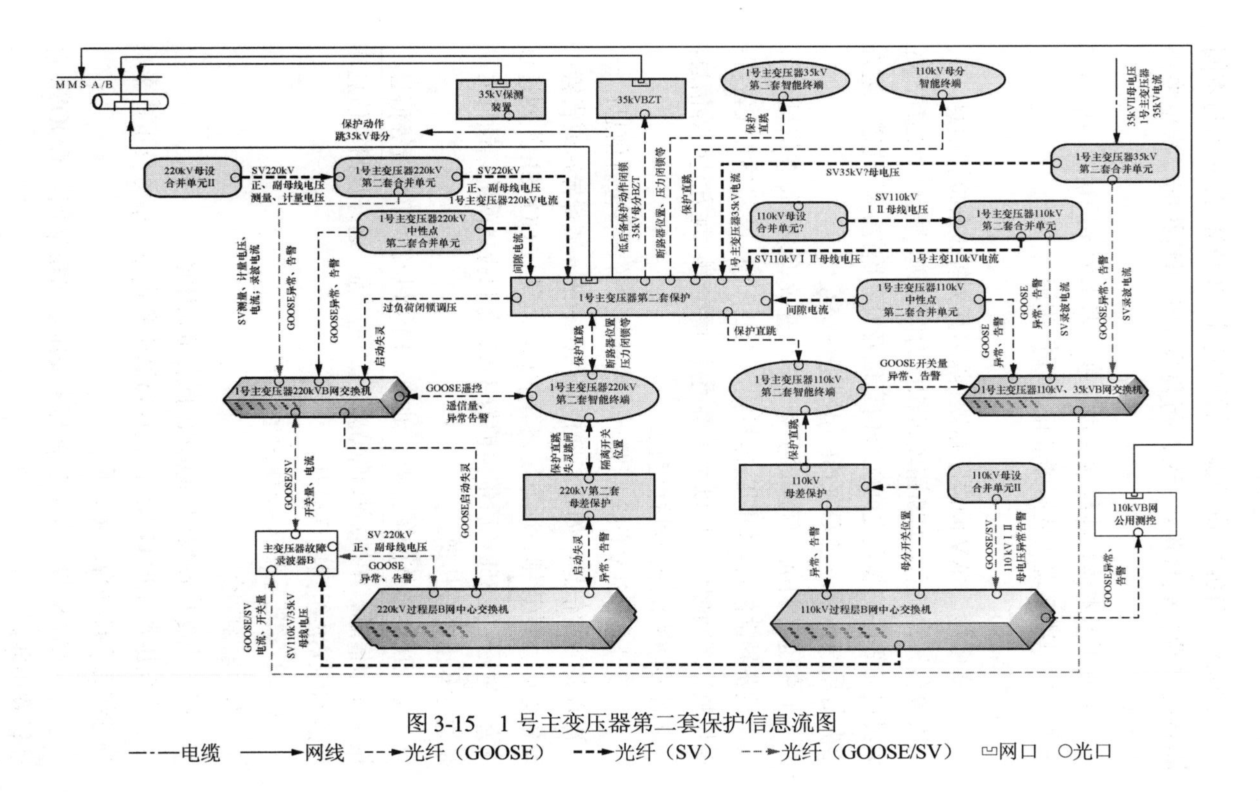

图 3-15 1 号主变压器第二套保护信息流图

—·—电缆 ——网线 - - -光纤（GOOSE） - - -光纤（SV） - - -光纤（GOOSE/SV） 网口 ○光口

220kV、110kV 母差保护通过光纤 GOOSE 点对点与本间隔智能终端直联直跳。35kV 母差保护采用传统的二次电缆跳闸方式。

主变压器本体智能终端实现主变压器本体保护功能，采用传统的二次电缆实现主变压器非电量保护跳闸。

3. 信息交互

主变压器 220kV 间隔断路器、隔离开关等设备位置信息；一、二次设备异常信息，如断路器机构压力低闭锁、装置异常或告警；失灵启动等保护装置之间配合信息以及设备遥控、解/连锁、远方复归等信息，均通过 GOOSE 组网进行交互。

主变压器 110kV 间隔断路器、隔离开关等设备位置信息；一、二次设备异常信息，如断路器机构压力低闭锁、装置异常或告警；保护装置之间配合信息以及设备遥控、解/连锁、远方复归等信息，均通过 GOOSE 组网进行交互。

主变压器 35kV 间隔断路器、隔离开关等设备位置信息；一、二次设备异常信息，如断路器控制回路断线、装置异常或告警；设备遥控、解/连锁、远方复归等信息，均通过 GOOSE 组网进行交互。主变压器 35kV 后备保护与 35kV 备自投之间的闭锁信号则是通过专用光纤传递。

主变压器本体间隔油温、油位、档位以及冷却系统等信息；设备异常信息、中性点接地隔离开关遥控等、远方复归等信息均通过 GOOSE 组网进行交互。

（二）常见异常及影响分析

1. 链路中断

（1）主变压器保护 GOOSE 直连链路中断。

主变压器保护 GOOSE 直连链路中断现象、信号及重要影响分别如表 3-63 和表 3-64 所示。

（2）220kV 母差保护装置与主变压器 220kV 间隔 GOOSE 直连链路中断。

表 3-63 主变压器保护 GOOSE 直连链路中断现象及信号列表

装置	间隔	现 象	信 号
第一套	220kV	智能终端装置“运行异常”灯亮 智能终端装置“GSE 通信异常 A”灯亮 主变压器第一套保护“运行异常”灯亮 GOOSE 链路图中该链路信号灯变红	220kV 第一套智能终端异常或故障 220kV 第一套智能终端 GOOSE 通信中断 主变压器第一套保护装置异常
	110kV	智能终端装置“运行异常”灯亮 智能终端装置“GSE 通信异常 A”灯亮 主变压器第一套保护“运行异常”灯亮 GOOSE 链路图中该链路信号灯变红	110kV 第一套智能终端异常或故障 110kV 第一套智能终端 GOOSE 通信中断主变压器第一套保护装置异常
	35kV	智能终端装置“运行异常”灯亮 智能终端装置“GSE 通信异常 A”灯亮 主变压器第一套保护“运行异常”灯亮 GOOSE 链路图中该链路信号灯变红	35kV 第一套智能终端异常或故障 35kV 第一套智能终端 GOOSE 通信中断主变压器第一套保护装置异常
	110kV 母分	智能终端装置“运行异常”灯亮 智能终端装置“GSE 通信异常 A”灯亮 GOOSE 链路图中该链路信号灯变红	110kV 母分智能终端异常或故障 110kV 母分智能终端 GOOSE 通信中断
第二套	220kV	智能终端装置“运行异常”灯亮 智能终端装置“GSE 通信异常 A”灯亮 主变压器第二套保护“运行异常”灯亮 GOOSE 链路图中该链路信号灯变红	220kV 第二套智能终端异常或故障 220kV 第二套智能终端 GOOSE 通信中断 主变压器第二套保护装置异常
	110kV	智能终端装置“运行异常”灯亮 智能终端装置“GSE 通信异常 A”灯亮 主变压器第二套保护“运行异常”灯亮 GOOSE 链路图中该链路信号灯变红	110kV 第二套智能终端异常或故障 110kV 第二套智能终端 GOOSE 通信中断 主变压器第二套保护装置异常

续表

装置	间隔	现　象	信　号
第二套	35kV	智能终端装置“运行异常”灯亮 智能终端装置“GSE 通信异常 A”灯亮 主变压器第二套保护“运行异常”灯亮 GOOSE 链路图中该链路信号灯变红	35kV 第二套智能终端异常或故障 35kV 第二套智能终端 GOOSE 通信中断 主变压器第二套保护装置异常
	110kV 母分	智能终端装置“运行异常”灯亮 智能终端装置“GSE 通信异常 A”灯亮 GOOSE 链路图中该链路信号灯变红	110kV 母分智能终端异常或故障 110kV 母分智能终端 GOOSE 通信中断

表 3-64　主变压器保护 GOOSE 直跳链路中断重要影响列表

装置	间隔	重 要 影 响
第一套	220kV	主变压器第一套保护动作无法跳开主变压器 220kV 侧断路器
	110kV	主变压器第一套保护动作无法跳开主变压器 110kV 侧断路器
	35kV	主变压器第一套保护动作无法跳开主变压器 35kV 侧断路器
	110kV 母分	主变压器第一套保护动作无法跳开 110kV 母分断路器
第二套	220kV	主变压器第二套保护动作无法跳开主变压器 220kV 侧断路器
	110kV	主变压器第二套保护动作无法跳开主变压器 110kV 侧断路器
	35kV	主变压器第二套保护动作无法跳开主变压器 35kV 侧断路器
	110kV 母分	主变压器第二套保护动作无法跳开 110kV 母分断路器

220kV 母差保护装置与主变压器 220kV 间隔 GOOSE 直连链路中断现象、信号及重要影响分别如表 3-65 和表 3-66 所示。

表 3-65　　220kV 母差保护装置与主变压器 220kV 间隔 GOOSE 直连链路中断现象及信号列表

装置	现　　象	信　　号
第一套	智能终端装置“运行异常”灯亮 智能终端装置“GSE 通信异常 A”灯亮 220kV 第一套母差保护装置“位置报警”灯亮 保护装置液晶显示相应报文 GOOSE 链路图中该链路信号灯变红	主变压器 220kV 第一套智能终端异常或故障 主变压器 220kV 第一套智能终端 GOOSE 通信中断 220kV 第一套母差保护开入信号异常告警
第二套	智能终端装置“运行异常”灯亮 智能终端装置“GSE 通信异常 A”灯亮 220kV 第二套母差保护装置“运行异常”灯亮 保护装置液晶显示相应报文 GOOSE 链路图中该链路信号灯变红	主变压器 220kV 第二套智能终端异常或故障 主变压器 220kV 第二套智能终端 GOOSE 通信中断 220kV 第二套母差保护开入信号异常告警

表 3-66　　220kV 母差保护装置与主变压器 220kV 间隔 GOOSE 直连链路中断重要影响列表

装置	重　要　影　响
第一套	220kV 第一套母差保护及失灵保护跳主变压器 220kV 间隔支路无法出口
第二套	220kV 第二套母差保护及失灵保护跳主变压器 220kV 间隔支路无法出口

（3）110kV 母差保护装置 GOOSE 直跳主变压器 110kV 间隔链路中断。

110kV 母差保护装置 GOOSE 直跳主变压器 110kV 间隔链路中断现象、信号及重要影响分别如表 3-67 和表 3-68 所示。

表 3-67　110kV 母差保护 GOOSE 直跳主变压器 110kV 间隔链路中断现象及信号列表

间隔	现　　象	信　　号
主变压器 110kV	第一套智能终端装置“运行异常”灯亮	主变压器 110kV 第一套智能终端异常或故障

续表

间隔	现　象	信　号
主变压器110kV	第一套智能终端装置“GSE通信异常A”灯亮 GOOSE 链路图中该链路信号灯变红	主变压器 110kV 第一套智能终端GOOSE 通信中断

表 3-68　110kV 母差保护 GOOSE 直跳主变压器 110kV 间隔链路中断重要影响列表

间隔	重 要 影 响
主变压器110kV	110kV 母差保护跳主变压器 110kV 间隔支路无法出口

（4）主变压器保护与主变压器三侧合并单元 SV 链路中断。

主变压器保护与主变压器三侧合并单元 SV 链路中断现象、信号及重要影响分别如表 3-69 和表 3-70 所示。

表 3-69　主变压器保护与主变压器三侧合并单元 SV 链路中断现象及信号列表

装置	现　象	信　号
第一套	主变压器第一套保护装置“运行异常”灯亮 保护装置液晶显示相应报文 SV 链路图该链路信号灯变红	主变压器第一套保护装置异常 主变压器第一套保护装置 TA 断线 主变压器第一套保护装置 TV 断线
第二套	主变压器第二套保护装置“运行异常”灯亮 保护装置液晶显示相应报文 SV 链路图该链路信号灯变红	主变压器第二套保护装置异常 主变压器第二套保护装置 TA 断线 主变压器第二套保护装置 TV 断线

表 3-70 主变压器保护与主变压器三侧合并单元 SV 链路中断重要影响列表

装置	重要影响
第一套	第一套主变压器保护无法采集该侧电压、电流量，主变压器第一套差动及该侧后备保护失去作用
	主变压器第一套 220kV 后备保护复合电压闭锁开放
第二套	第二套主变压器保护无法采集该侧电压、电流量，主变压器第一套差动及该侧后备保护失去作用
	主变压器第二套 220kV 后备保护复合电压闭锁开放

（5）主变压器保护与中性点合并单元 SV 链路中断。

主变压器保护与中性点合并单元 SV 链路中断现象、信号及重要影响如表 3-71 和表 3-72 所示。

表 3-71 主变压器保护与中性点合并单元 SV 链路中断现象及信号列表

装置	现象	信号
第一套	主变压器第一套保护装置“运行异常”灯亮 主变压器第一套保护装置液晶显示相应报文 SV 链路图该链路信号灯变红	主变压器第一套保护装置异常 主变压器第一套保护装置 TA 断线
第二套	主变压器第二套保护装置“运行异常”灯亮 主变压器第二套保护装置液晶显示相应报文 SV 链路图该链路信号灯变红	主变压器第二套保护装置异常 主变压器第二套保护装置 TA 断线

表 3-72 主变压器保护与中性点合并单元 SV 链路中断重要影响列表

装置	重要影响
第一套	主变压器第一套 220kV（或 110kV）侧间隙过流保护失去作用
第二套	主变压器第二套 220kV（或 110kV）侧间隙过流保护失去作用

（6）主变压器220kV侧合并单元与220kV母差保护SV链路中断。

主变压器220kV侧合并单元与220kV母差保护SV链路中断现象、信号及重要影响分别如表3-73和表3-74所示。

表3-73　主变压器220kV侧合并单元与220kV母差保护SV链路中断重要影响列表

装置	现　象	信　号
第一套	220kV第一套母差保护装置"报警"灯亮 220kV第一套母差保护装置"交流断线"灯亮 保护装置液晶显示相关报文 SV链路图该链路信号灯变红	220kV第一套母差保护装置异常 220kV第一套母差保护装置TA断线告警
第二套	220kV第二套母差保护装置"运行异常"灯亮 220kV第二套母差保护装置"TA断线"灯亮 保护装置液晶显示相关报文 SV链路图该链路信号灯变红	220kV第二套母差保护装置异常 220kV第二套母差保护装置TA断线告警

表3-74　主变压器220kV侧合并单元与220kV母差保护SV链路中断重要影响列表

装置	重　要　影　响
第一套	220kV第一套母差保护无法采集主变压器220kV间隔电流量，母差保护将自动闭锁
第二套	220kV第二套母差保护无法采集主变压器220kV间隔电流量，母差保护将自动闭锁

（7）主变压器110kV侧合并单元与110kV母差保护SV链路中断。

主变压器110kV侧合并单元与110kV母差保护SV链路中断现象、信号及重要影响如表3-75和表3-76所示。

表 3-75　主变压器 110kV 侧合并单元与 110kV 母差保护 SV 链路中断现象及信号列表

间隔	现　象	信　号
主变压器 110kV	110kV 母差保护装置“运行异常”灯亮 110kV 母差保护装置“TA 断线”灯亮 保护装置液晶显示相关报文 SV 链路图该链路信号灯变红	110kV 母差保护装置异常 110kV 母差保护装置 TA 断线告警

表 3-76　主变压器 110kV 侧合并单元与 110kV 母差保护 SV 链路中断重要影响列表

间隔	重 要 影 响
主变压器 110kV	110kV 母差保护无法采集主变压器 110kV 间隔电流量，母差保护将自动闭锁

（8）主变压器 220kV 侧合并单元与 220kV 母设合并单元 SV 链路中断。

主变压器 220kV 侧合并单元与 220kV 母设合并单元 SV 链路中断现象、信号及重要影响分别如表 3-77 和表 3-78 所示。

表 3-77　主变压器 220kV 侧合并单元与 220kV 母设合并单元 SV 链路中断重要影响列表

装置	现　象	信　号
第一套	主变压器 220kV 第一套合并单元“维修/告警”灯亮 主变压器第一套保护装置“运行异常”灯亮 保护装置液晶显示相应报文 SV 链路图中该链路信号灯变红	主变压器 220kV 第一套合并单元异常或故障 主变压器 220kV 第一套合并单元通信中断 主变压器第一套保护装置异常 主变压器第一套保护装置 TV 断线
第二套	主变压器 220kV 第二套合并单元“维修/告警”灯亮 主变压器第二套保护装置“运行异常”灯亮 保护装置液晶显示相应报文 SV 链路图中该链路信号灯变红	主变压器 220kV 第二套合并单元异常或故障 主变压器 220kV 第二套合并单元通信中断 主变压器第二套保护装置异常 主变压器第二套保护装置 TV 断线

表 3-78 主变压器 220kV 侧合并单元与 220kV 母设合并单元 SV 链路中断重要影响列表

装置	重要影响
第一套	主变压器第一套保护无法采集 220kV 母线电压，220kV 侧复压闭锁开放 主变压器 220kV 第一套间隙过压保护失去作用
第二套	主变压器第二套保护无法采集 220kV 母线电压，220kV 侧复压闭锁开放 主变压器 220kV 第二套间隙过压保护失去作用

（9）主变压器 110kV 侧合并单元与 110kV 母设合并单元 SV 链路中断。

主变压器 110kV 侧合并单元与 110kV 母设合并单元 SV 链路中断现象、信号及重要影响如表 3-79 和表 3-80 所示。

表 3-79 主变压器 110kV 侧合并单元与 110kV 母设合并单元 SV 链路中断重要影响列表

装置	现象	信号
第一套	主变压器 110kV 第一套合并单元“维修/告警”灯亮 主变压器第一套保护装置“运行异常”灯亮 保护装置液晶显示相应报文 SV 链路图中该链路信号灯变红	主变压器 110kV 第一套合并单元异常或故障 主变压器 110kV 第一套合并单元通信中断 主变压器第一套保护装置异常 主变压器第一套保护装置 TV 断线
第二套	主变压器 110kV 第二套合并单元“维修/告警”灯亮 主变压器第二套保护装置“运行异常”灯亮 保护装置液晶显示相应报文 SV 链路图中该链路信号灯变红	主变压器 110kV 第二套合并单元异常或故障 主变压器 110kV 第二套合并单元通信中断 主变压器第二套保护装置异常 主变压器第二套保护装置 TV 断线

表 3-80 主变压器 110kV 侧合并单元与 110kV 母设合并单元 SV 链路中断重要影响列表

装置	重要影响
第一套	主变压器第一套保护无法采集 110kV 母线电压，220kV、110kV 侧复压闭锁开放 主变压器 110kV 第一套间隙过压保护失去作用

续表

装置	重要影响
第二套	主变压器第二套保护无法采集 110kV 母线电压，220kV、110kV 侧复压闭锁开放 主变压器 110kV 第二套间隙过压保护失去作用

（10）主变压器间隔 GOOSE 或 SV 组网链路中断。

主变压器间隔 GOOSE 或 SV 组网链路中断现象、信号及重要影响不一一细分，可能情况如表 3-81 和表 3-82 所示。

表 3-81　主变压器间隔 GOOSE 或 SV 组网链路中断现象及信号列表

装置	现　　象	信　　号
第一套	主变压器 220kV 第一套合并单元“维修/告警”灯亮 主变压器第一套保护“运行异常”灯亮 测控装置“运行异常”灯亮 电能表告警 主变压器故障录波器 A 告警 过程层 A 网交换机告警且相应链路指示灯熄灭 过程层 A 网中心交换机告警且相应链路指示灯熄灭	主变压器 220kV 第一套合并单元异常或故障 主变压器 220kV 第一套合并单元通信中断 主变压器 220kV 测控装置异常 主变压器 220kV 测控装置过程层通信中断 主变压器 110kV 测控装置异常 主变压器 110kV 测控装置过程层通信中断 主变压器 35kV 测控装置异常 主变压器 35kV 测控装置过程层通信中断 主变压器本体测控装置异常 主变压器本体测控装置过程层通信中断 主变压器 220kV（110、35）电能表无源告警 主变压器故障录波器 A 告警 主变压器 220kV 过程层第一套交换机故障 主变压器 110kV、35kV 过程层第一套交换机故障 220kV 过程层 A 网中心交换机故障
第二套	220kV 公用测控 B 装置“运行异常”灯亮	220kV 公用测控 B 装置异常 220kV 公用测控 B 装置过程层通信中断

续表

装置	现　　象	信　　号
第二套	110kV 公用测控 B 装置“运行异常”灯亮 主变压器 220kV 第二套合并单元“维修/告警”灯亮 主变压器故障录波器 B 告警 过程层 B 网交换机告警且相应链路指示灯熄灭 过程层 B 网中心交换机告警且相应链路指示灯熄灭	110kV 公用测控 B 装置异常 110kV 公用测控 B 装置过程层通信中断 主变压器 220kV 第二套合并单元异常或故障 主变压器 220kV 第二套合并单元通信中断 主变压器故障录波器 B 告警 主变压器 220kV 过程层第二套交换机故障 主变压器 110kV、35kV 过程层第二套交换机故障 220kV 过程层 B 网中心交换机故障

表 3-82　主变压器间隔 GOOSE/SV 组网链路中断重要影响列表

装置	重　要　影　响
第一套	220kV 第一套母差保护无法获取主变压器 220kV 间隔失灵启动信息 主变压器 220kV 第一套合并单元无法获取主变压器间隔母线隔离开关位置信息 主变压器测控装置无法采集间隔遥信、遥测，遥控无法执行 主变压器电能表无法采集计量电流、电压量 主变压器故障录波器 A 无法采集主变压器间隔电流量 主变压器间隔一次设备位置信息，一、二次设备异常信息无法上传 主变压器间隔失灵启动等以及设备遥控、解/连锁、远方复归等信息无法交互
第二套	主变压器 220kV 第二合并单元无法获取本间隔母线隔离开关位置信息 各侧第二套合并单元、智能终端异常等信息无法上传 主变压器故障录波器 B 无法采集本间隔电流量 本间隔失灵启动等信息无法交互

2．装置故障

（1）保护装置。

主变压器保护装置故障现象、信号及重要影响分别如表 3-83 和表 3-84 所示。

表 3-83　　　　主变压器保护装置故障现象及信号列表

装置		现　　象	信　　号
第一套	电源故障	第一套保护装置面板信号灯熄灭 三侧第一套智能终端“运行异常”灯亮 三侧第一套智能终端“GSE通信异常 A”灯亮 110kV 母分智能终端“运行异常”灯亮 110kV 母分智能终端“GSE通讯异常 A”灯亮 GOOSE 链路图中该链路信号灯变红 第一套保护装置“装置异常”灯亮 保护装置液晶面板显示相应报文	主变压器第一套保护装置故障 主变压器 220kV 第一套智能终端异常或故障 主变压器 220kV 第一套智能终端 GOOSE 通信中断 主变压器 110kV 第一套智能终端异常或故障 主变压器 110kV 第一套智能终端 GOOSE 通信中断 主变压器 35kV 第一套智能终端异常或故障 主变压器 35kV 第一套智能终端 GOOSE 通信中断 110kV 母分智能终端异常或故障 110kV 母分智能终端 GOOSE 通信中断 主变压器第一套保护装置故障
第二套	电源故障	第二套保护装置面板信号灯熄灭 三侧第二套智能终端“运行异常”灯亮 三侧第二套智能终端“GSE通信异常 A”灯亮 110kV 母分智能终端“运行异常”灯亮 110kV 母分智能终端“GSE通信异常 B”灯亮 GOOSE 链路图中该链路信号灯变红	主变压器第二套保护装置故障 主变压器 220kV 第二套智能终端异常或故障 主变压器 220kV 第二套智能终端 GOOSE 通信中断 主变压器 110kV 第二套智能终端异常或故障 主变压器 110kV 第二套智能终端 GOOSE 通信中断 主变压器 35kV 第二套智能终端异常或故障 主变压器 35kV 第二套智能终端 GOOSE 通信中断 110kV 母分智能终端异常或故障 110kV 母分智能终端 GOOSE 通信中断
	插件故障	第二套保护装置“装置异常”灯亮 保护装置液晶面板显示相应报文	主变压器第二套保护装置故障

表 3-84　主变压器保护装置故障重要影响列表

装置	重要影响
第一套	主变压器第一套保护无法动作出口 主变压器 220kV 第一套失灵保护无法启动
第二套	主变压器第二套保护无法动作出口 主变压器 220kV 第二套失灵保护无法启动
同时闭锁	若两套保护装置同时闭锁，则主变压器差动及后备保护失去

（2）合并单元。

主变压器合并单元故障现象、信号及重要影响如表 3-85～表 3-96 所示。

表 3-85　主变压器 220kV 合并单元故障现象及信号列表

现象			信号
第一套	电源故障	主变压器 220kV 第一套合并单元面板信号灯熄灭 主变压器第一套保护装置“运行异常”灯亮 220kV 第一套母差保护装置“报警”灯亮 220kV 第一套母差保护装置“交流断线”灯亮 保护装置液晶显示相关报文 主变压器 220kV 测控装置“运行异常”灯亮 主变压器 220kV 侧电能表告警 主变压器故障录波器 A 告警 过程层 A 网交换机告警且相应链路指示灯熄灭 过程层 A 网中心交换机告警且相应链路指示灯灭 SV 链路图该链路信号灯变红	主变压器 220kV 第一套合并单元异常或故障主变压器第一套保护装置异常 220kV 第一套母差保护装置异常 220kV 第一套母差保护 TA 断线告警 主变压器 220kV 测控装置异常 主变压器 220kV 侧电能表无源告警 主变压器故障录波器 A 告警 主变压器 220kV 过程层第一套交换机故障 220kV 过程层 A 网中心交换机故障
	插件故障	主变压器 220kV 第一套合并单元“告警/闭锁”灯亮	主变压器 220kV 第一套合并单元异常或故障

续表

现　象			信　号
第二套	电源故障	主变压器 220kV 第二套合并单元面板信号灯熄灭 主变压器第二套保护装置“运行异常”灯亮 220kV 第二套母差保护装置“运行异常”灯亮 220kV 第二套母差保护装置“TA 断线”灯亮 保护液晶面板显示相应报文 220kV 公用测控 B 装置“运行异常”灯亮 主变压器故障录波器 B 告警 过程层 B 网交换机告警且相应链路指示灯熄灭 过程层 B 网中心交换机告警且相应链路指示灯灭 SV 链路图中该链路信号灯变红	主变压器 220kV 第二套合并单元异常或故障 主变压器第二套保护装置异常 220kV 第二套母差保护装置异常 220kV 第二套母差保护 TA 断线告警 220kV 公用测控 B 装置异常 主变压器故障录波器 B 告警 主变压器 220kV 过程层第二套交换机故障 220kV 过程层 B 网中心交换机故障
	插件故障	主变压器 220kV 第二套合并单元“维修/告警”灯亮	主变压器 220kV 第二套合并单元异常或故障

表 3-86　　主变压器 220kV 合并单元故障重要影响列表

装置	重　要　影　响
第一套	主变压器第一套保护无法采集主变压器 220kV 侧电流、电压，主变压器差动及 220kV 后备保护失去作用 220kV 第一套母差保护无法采集主变压器 220kV 支路电流，母差保护闭锁 主变压器 220kV 测控装置无法采集该间隔电压、电流量 主变压器 220kV 侧电能表无法采集电压、电流量 主变压器录波器 A 无法采集主变压器 220kV 侧电流量
第二套	主变压器第二套保护无法采集主变压器 220kV 侧电流、电压，主变压器差动及 220kV 后备保护失去作用 220kV 第二套母差保护无法采集主变压器 220kV 支路电流，母差保护闭锁 主变压器录波器 B 无法采集主变压器 220kV 侧电流量
同时闭锁	主变压器两套差动保护及 220kV 后备保护均失去

表 3-87　　主变压器 110kV 合并单元闭锁现象及信号列表

现象			信号
第一套	电源故障	主变压器 110kV 第一套合并单元面板信号灯熄灭 主变压器第一套保护装置“运行异常”灯亮 110kV 母差保护装置“运行异常”灯亮 110kV 母差保护“TA 断线”灯亮 保护装置液晶显示相关报文 主变压器 110kV 测控装置“运行异常”灯亮 主变压器 110kV 侧电能表告警 主变压器故障录波器 A 告警 过程层 A 网交换机告警且相应链路指示灯灭 过程层 A 网中心交换机告警且相应链路指示灯灭 SV 链路图该链路信号灯变红	主变压器 110kV 第一套合并单元异常或故障 主变压器第一套保护装置异常 110kV 母差保护装置异常 110kV 母差保护 TA 断线告警 主变压器 110kV 测控装置异常 主变压器 110kV 侧电能表无源告警 主变压器故障录波器 A 告警 110kV、35kV 过程层第一套交换机故障 110kV 过程层 A 网中心交换机故障
	插件故障	主变压器 110kV 第一套合并单元装置“告警/闭锁”灯亮	主变压器 110kV 第一套合并单元异常或故障
第二套	电源故障	主变压器 110kV 第二套合并单元面板信号灯熄灭 主变压器第二套保护装置“运行异常”灯亮 保护液晶显示相关报文 110kV 公用测控 B 装置“运行异常”灯亮 主变压器故障录波器 B 告警 过程层 B 网交换机告警且相应链路指示灯熄灭 过程层 B 网中心交换机告警且相应链路灯灭 SV 链路图该链路信号灯变红	主变压器 110kV 第二套合并单元异常或故障 主变压器第二套保护装置异常 110kV 公用测控 B 装置异常 主变压器故障录波器 B 告警 110kV、35kV 过程层第二套交换机故障 110kV 过程层 B 网中心交换机故障
	插件故障	主变压器 110kV 第二套合并单元装置“维修/告警”灯亮	主变压器 110kV 第二套合并单元异常或故障

表 3-88　　主变压器 110kV 合并单元故障重要影响列表

装置	重要影响
第一套	主变压器第一套保护无法采集主变压器 110kV 侧电流、电压，主变压器差动及 110kV 后备保护失去作用 主变压器第一套 220kV 后备保护复压闭锁开放 110kV 母差保护无法采集主变压器 110kV 支路电流，母差保护闭锁 主变压器 110kV 测控装置无法采集该间隔电压、电流量 主变压器 110kV 侧电能表无法采集电压、电流量 主变压器录波器 A 无法采集主变压器 110kV 侧电流量
第二套	主变压器第二套保护无法采集主变压器 110kV 侧电流、电压，主变压器差动及 110kV 后备保护失去作用 主变压器第二套 220kV 后备保护复压闭锁开放 主变压器录波器 B 无法采集主变压器 110kV 侧电流量
同时闭锁	主变压器两套差动保护及 110kV 后备保护均失去，两套 220kV 后备保护复压闭锁开放

表 3-89　　主变压器 35kV 合并单元故障现象及信号列表

现象			信号
第一套	电源故障	主变压器 35kV 第一套合并单元面板信号灯熄灭 主变压器第一套保护装置“运行异常”灯亮 保护液晶显示相关报文 主变压器 35kV 测控装置“运行异常”灯亮 主变压器 35kV 侧电能表告警 主变压器故障录波器 A 告警 过程层 A 网交换机告警且相应链路指示灯熄灭 过程层 A 网中心交换机告警且相应链路指示灭 SV 链路图该链路信号灯变红	主变压器 35kV 第一套合并单元异常或故障 主变压器第一套保护装置异常 主变压器 35kV 测控装置异常 主变压器 35kV 侧电能表无源告警 主变压器故障录波器 A 告警 110kV、35kV 过程层第一套交换机故障 110kV 过程层 A 网中心交换机故障
	插件故障	主变压器 35kV 第一套合并单元“告警/闭锁”灯亮	主变压器 35kV 第一套合并单元异常或故障
第二套	电源故障	主变压器 35kV 第二套合并单元面板信号灯熄灭 主变压器第二套保护装置“运行异常”灯亮 保护液晶显示相关报文	主变压器 35kV 第二套合并单元异常或故障 主变压器第二套保护装置异常 110kV 公用测控 B 装置异常

续表

现象			信号
第二套	电源故障	110kV 公用测控 B 装置"运行异常"灯亮 主变压器故障录波器 B 告警 过程层B网交换机告警且相应链路指示灯熄灭 过程层B网中心交换机告警且相应链路指示灯灭 SV 链路图该链路信号灯变红	主变压器故障录波器 B 告警 110kV、35kV 过程层第二套交换机故障 110kV 过程层 B 网中心交换机故障
	插件故障	主变压器 35kV 第二套合并单元"维修/告警"灯亮	主变压器 35kV 第二套合并单元异常或故障

表 3-90　主变压器 35kV 合并单元故障重要影响列表

装置	重要影响
第一套	主变压器第一套保护无法采集主变压器 35kV 侧电流、电压，主变压器差动及 35kV 后备保护失去作用 主变压器第一套 220kV 后备保护复压闭锁开放 主变压器 35kV 测控装置无法采集该间隔电压、电流量 主变压器 35kV 侧电能表无法采集电压、电流量 主变压器录波器 A 无法采集主变压器 35kV 侧电流量
第二套	主变压器第二套保护无法采集主变压器 35kV 侧电流、电压，主变压器差动及 35kV 后备保护失去作用 主变压器第二套 220kV 后备保护复压闭锁开放 主变压器录波器 B 无法采集主变压器 35kV 侧电流量
同时闭锁	主变压器两套差动保护及 35kV 后备保护均失去，两套主变压器 220kV 后备保护复压闭锁开放

表 3-91　主变压器 220kV 中性点合并单元故障现象及信号列表

现象			信号
第一套	电源故障	主变压器 220kV 中性点第一套合并单元面板所有信号灯灭 主变压器第一套保护装置"运行异常"灯亮 保护液晶显示相关报文 主变压器本体测控装置"运行异常"灯亮 SV 链路图该链路信号灯变红	主变压器 220kV 中性点第一套合并单元异常或故障 主变压器第一套保护装置异常 主变压器本体测控装置异常

续表

现　象			信　号
第一套	插件故障	主变压器 220kV 中性点第一套合并单元“告警/闭锁”灯亮	主变压器 220kV 中性点第一套合并单元异常或故障
第二套	电源故障	主变压器 220kV 中性点第二套合并单元面板所有信号灯灭 主变压器第二套保护装置“运行异常”灯亮 保护液晶显示相关报文 220kV 公用测控 B 装置“运行异常”灯亮 SV 链路图该链路信号灯变红	主变压器 220kV 中性点第二套合并单元异常或故障 主变压器第二套保护装置异常 220kV 公用测控 B 装置异常
	插件故障	主变压器 220kV 中性点第二套合并单元“维修/告警”灯亮	主变压器 220kV 中性点第二套合并单元异常或故障

表 3-92　主变压器 220kV 中性点合并单元故障重要影响列表

装置	重　要　影　响
第一套	主变压器第一套保护无法采集主变压器 220kV 侧中性点间隙电流，220kV 侧间隙过流保护失去作用
第二套	主变压器第二套保护无法采集主变压器 220kV 侧中性点间隙电流，220kV 侧间隙过流保护失去作用
同时闭锁	主变压器 220kV 侧两套间隙过流保护均失去作用

表 3-93　主变压器 110kV 中性点合并单元故障现象及信号列表

现　象			信　号
第一套	电源故障	主变压器 110kV 中性点第一套合并单元面板所有信号灯灭 主变压器第一套保护装置“运行异常”灯亮 保护液晶显示相关报文 主变压器本体测控装置“运行异常”灯亮 SV 链路图该链路信号灯变红	主变压器 110kV 中性点第一套合并单元异常或故障 主变压器第一套保护装置异常 主变压器本体测控装置异常
	插件故障	主变压器 110kV 中性点第一套合并单元“告警/闭锁”灯亮	主变压器 110kV 中性点第一套合并单元异常或故障

续表

现象			信号
第二套	电源故障	主变压器110kV中性点第二套合并单元面板所有信号灯灭 主变压器第二套保护装置“运行异常”灯亮 保护液晶显示相关报文 110kV公用测控B装置“运行异常”灯亮 SV链路图该链路信号灯变红	主变压器110kV中性点第二套合并单元异常或故障 主变压器第二套保护装置异常 110kV公用测控B装置异常
	插件故障	主变压器110kV中性点第二套合并单元“维修/告警”灯亮	主变压器110kV中性点第二套合并单元异常或故障

表3-94　主变压器110kV中性点合并单元故障重要影响列表

装置	重要影响
第一套	主变压器第一套保护无法采集主变压器110kV侧中性点间隙电流，110kV侧间隙过流保护失去作用
第二套	主变压器第二套保护无法采集主变压器110kV侧中性点间隙电流，110kV侧间隙过流保护失去作用
同时闭锁	主变压器110kV侧两套间隙过流保护均失去作用

表3-95　主变压器铁芯监测合并单元故障现象及信号列表

现象		信号
电源故障	主变压器铁芯监测合并单元面板所有信号灯灭 主变压器本体测控装置“运行异常”灯亮 SV链路图该链路信号灯变红	主变压器铁芯监测合并单元异常或故障 主变压器本体测控装置异常
插件故障	主变压器铁芯监测合并单元“告警/闭锁”灯亮	主变压器铁芯监测合并单元异常或故障

表3-96　主变压器铁芯监测合并单元故障重要影响列表

装置	重要影响
铁芯合并单元	主变压器铁芯相关参数无法采集及监测

（3）智能终端。

主变压器智能终端闭锁现象、信号及重要影响如表 3-97～表 3-104 所示。

表 3-97　主变压器 220kV 智能终端故障现象及信号列表

<table>
<tr><th colspan="2">装置</th><th>现　象</th><th>信　号</th></tr>
<tr><td rowspan="2">第一套</td><td>电源故障</td><td>主变压器 220kV 第一套智能终端面板信号灯熄灭
主变压器 220kV 第一套合并单元“维修/ 告警”灯亮
220kV 第一套母差保护“位置报警”灯亮
主变压器第一套保护装置“运行异常”灯亮
保护液晶显示相应报文
测控装置“运行异常”灯亮
GOOSE 链路图中该链路信号灯变红</td><td>主变压器 220kV 第一套智能终端异常或故障
主变压器 220kV 第一套合并单元异常或故障
主变压器第一套保护装置告警
220kV 第一套母差保护开入信号异常告警
主变压器 220kV 测控装置异常</td></tr>
<tr><td>插件故障</td><td>主变压器 220kV 第一套智能终端“运行异常”灯亮</td><td>主变压器 220kV 第一套智能终端异常或故障</td></tr>
<tr><td rowspan="2">第二套</td><td>电源故障</td><td>主变压器 220kV 第二套智能终端面板信号灯熄灭
主变压器 220kV 第二套合并单元“维修/ 告警”灯亮
220kV 第二套母差保护“位置报警”灯亮
主变压器第二套保护装置“运行异常”灯亮
保护液晶显示相应报文
220kV 公用测控 B 装置“运行异常”灯亮
GOOSE 链路图中该链路信号灯变红</td><td>主变压器 220kV 第二套智能终端异常或故障
主变压器 220kV 第二套合并单元异常或故障
主变压器第二套保护装置告警
220kV 第二套母差保护开入信号异常告警
220kV 公用测控 B 装置异常</td></tr>
<tr><td>插件故障</td><td>主变压器 220kV 第二套智能终端“运行异常”灯亮</td><td>主变压器 220kV 第二套智能终端异常或故障</td></tr>
</table>

表 3-98　　主变压器 220kV 智能终端故障重要影响列表

装置	重要影响
第一套	主变压器第一套保护、220kV 第一套母差保护及失灵联跳主变压器 220kV 断路器均无法出口 主变压器第一套保护无法获取主变压器 220kV 断路器位置信息 本间隔断路器、隔离开关、接地开关无法遥控操作和远方复归 本间隔断路器机构、隔离开关机构位置及异常信号均无法上传 220kV 第一套母差保护失去本间隔隔离开关位置
第二套	主变压器第二套保护、220kV 第二套母差保护及失灵联跳主变压器 220kV 断路器均无法出口 主变压器第二套保护无法获取主变压器 220kV 断路器位置信息 220kV 第二套母差保护失去本间隔隔离开关位置
同时闭锁	主变压器电气量保护、220kV 母差保护及失灵联跳主变压器 220kV 断路器均无法出口

表 3-99　　主变压器 110kV 智能终端故障现象及信号列表

装置		现象	信号
第一套	电源故障	主变压器 110kV 第一套智能终端面板信号灯熄灭 主变压器第一套保护装置“运行异常”灯亮 保护液晶显示相应报文 测控装置“运行异常”灯亮 GOOSE 链路图中该链路信号灯变红	主变压器 110kV 第一套智能终端异常或故障 主变压器第一套保护装置异常 主变压器 110kV 测控装置异常
	插件故障	主变压器 110kV 第一套智能终端“运行异常”灯亮	主变压器 110kV 第一套智能终端异常或故障
第二套	电源故障	主变压器 110kV 第二套智能终端面板信号灯熄灭 主变压器第二套保护装置“运行异常”灯亮 保护液晶显示相应报文 110kV 公用测控 B 装置“运行异常”灯亮 GOOSE 链路图中该链路信号灯变红	主变压器 110kV 第二套智能终端异常或故障 主变压器第二套保护装置异常 110kV 公用测控 B 装置异常
	插件故障	主变压器 110kV 第二套智能终端“运行异常”灯亮	主变压器 110kV 第二套智能终端异常或故障

表 3-100　　主变压器 110kV 智能终端故障重要影响列表

装置	重　要　影　响
第一套	主变压器第一套保护、110kV 母差保护跳主变压器 110kV 断路器均无法出口 主变压器第一套保护无法获取主变压器 110kV 断路器位置信息 本间隔断路器、隔离开关、接地开关无法遥控操作和远方复归 本间隔断路器机构、隔离开关机构位置及异常信号均无法上传
第二套	主变压器第二套保护跳主变压器 110kV 断路器无法出口 主变压器第二套保护无法获取主变压器 110kV 断路器位置信息
同时闭锁	主变压器电气量保护、110kV 母差保护跳主变压器 110kV 断路器均无法出口

表 3-101　　主变压器 35kV 智能终端故障现象及信号列表

装置		现　　象	信　　号
第一套	电源故障	主变压器 35kV 第一套智能终端面板信号灯熄灭 主变压器第一套保护装置“运行异常”灯亮 保护液晶显示相应报文 测控装置“运行异常”灯亮 GOOSE 链路图中该链路信号灯变红	主变压器 35kV 第一套智能终端异常或故障 主变压器第一套保护装置异常 主变压器 35kV 测控装置异常
	插件故障	主变压器 35kV 第一套智能终端“运行异常”灯亮	主变压器 35kV 第一套智能终端异常或故障
第二套	电源故障	主变压器 35kV 第二套智能终端面板信号灯熄灭 主变压器第二套保护装置“运行异常”灯亮 保护液晶显示相应报文 110kV 公用测控 B 装置“运行异常”灯亮 GOOSE 链路图中该链路信号灯变红	主变压器 35kV 第二套智能终端异常或故障 主变压器第二套保护装置异常 110kV 公用测控 B 装置异常
	插件故障	主变压器 35kV 第二套智能终端“运行异常”灯亮	主变压器 35kV 第二套智能终端异常或故障

表 3-102　　主变压器 35kV 智能终端故障重要影响列表

装置	重　要　影　响
第一套	主变压器第一套保护跳主变压器 35kV 断路器无法出口 主变压器第一套保护无法获取主变压器 35kV 断路器位置信息 本间隔断路器、隔离开关、接地开关无法遥控操作和远方复归 本间隔断路器机构、隔离开关机构位置及异常信号均无法上传
第二套	主变压器第二套保护跳主变压器 35kV 断路器无法出口 主变压器第二套保护无法获取主变压器 35kV 断路器位置信息
同时闭锁	主变压器电气量保护跳主变压器 35kV 断路器无法出口

表 3-103　　主变压器本体智能终端故障现象及信号列表

现　　象		信　　号
电源故障	本体智能终端装置面板信号灯熄灭 本体测控装置“运行异常”灯亮 GOOSE 链路图中该链路信号灯变红	本体智能终端异常或故障 主变压器本体测控装置异常
插件故障	本体智能终端装置“运行异常”灯亮	本体智能终端异常或故障

表 3-104　　主变压器本体智能终端故障重要影响列表

装置	重　要　影　响
本体 智能终端	主变压器本体保护失去作用 主变压器本体档位、中性点接地隔离开关无法遥控操作和远方复归 主变压器本体油位异常、油温高及冷却系统等异常信号均无法上传

（4）测控装置。

主变压器三侧及本体测控装置故障现象、信号及重要影响不一一细分，可能情况分别如表 3-105 和表 3-106 所示。

表 3-105　主变压器测控装置（三侧及本体）故障现象及信号列表

装置		现　　象	信　　号
测控 装置	电源 故障	相应测控装置面板信号灯熄灭 监控系统主变压器该侧间隔通信中断	主变压器 220kV 测控装置异常 220kV 测控装置 MMS 网通信中断 主变压器 110kV 测控装置异常

续表

装置		现　　象	信　　号
测控装置	电源故障	第一套（本体）智能终端“运行异常”灯亮 第一套（本体）智能终端“GSE 通讯异常 A”灯亮	110kV 测控装置 MMS 网通信中断 主变压器 35kV 测控装置异常 35kV 测控装置 MMS 网通信中断 主变压器本体测控装置异常 本体测控装置 MMS 网通信中断
	插件故障	相应测控装置“装置异常”灯亮 相应测控装置液晶显示相关报文	主变压器 220kV 测控装置异常 主变压器 110kV 测控装置异常 主变压器 35kV 测控装置异常 主变压器本体测控装置异常

表 3-106　主变压器测控装置（三侧及本体）故障重要影响列表

装置	重　要　影　响
测控装置	本间隔断路器机构、隔离开关机构位置及异常信号均无法上传 主变压器该侧间隔断路器、隔离开关、接地开关或主变压器挡位、中性点接地开关无法遥控操作和远方复归 本间隔第一套智能终端、第一套合并单元、第一套保护装置异常等信号均无法上传 本间隔遥测量均无法采集并上传

（三）调控处理

（1）当发生以下三种异常情况时：

1）单套主变压器保护装置装置故障；

2）单套主变压器保护装置 GOOSE 直连链路中断；

3）单套主变压器保护装置 SV 采样回路链路中断。

现场运维人员根据现场运行规程重启相关设备，若重启无效，根据异常分析，此时仅影响单套主变压器保护，值班调控员发令将故障的保护改信号，并通知检修人员进行处理。

调度令：1 号主变压器第一（二）套保护由跳闸改为信号

（2）当发生以下两种异常情况时：

1）220kV 单套母差保护直跳主变压器 GOOSE 链路中断；

2）220kV 单套母差保护与主变压器合并单元 SV 链路中断。

现场运维人员根据现场运行规程重启相关设备，若重启无效，根据异常分析，此时值班调控员发令将受影响的 220kV 母差保护改信号，并通知检修人员处理（具体安措由现场提出）。

调度令：220kV 第一（二）套母差保护由跳闸改为信号

（3）当发生以下两种异常情况时：

1）110kV 母差保护直跳主变压器 GOOSE 链路中断；

2）110kV 母差保护与主变压器合并单元 SV 链路中断。

现场运维人员根据现场运行规程重启相关设备，若重启无效，根据异常分析，此时值班调控员发令将 110kV 母差保护改信号，并通知检修人员处理（具体安措由现场提出）。

调度令：110kV 母差保护由跳闸改为信号

【注】有稳定要求的线路间隔应按规定作相应调整。

（4）当主变压器 220kV 侧单套智能终端（或合并单元）故障时，受影响的主变压器保护装置和母差保护均无法跳开主变压器 220kV 断路器（或无法动作）。现场运维人员根据现场运行规程重启该套故障智能终端（或合并单元）装置，若重启无效，则保持停用状态；值班调控员根据现场运维人员提出要求停用相应受影响保护装置，并通知检修人员进行处理（具体安措由现场提出）。

调度令：2-1　1 号（2 号）主变压器第一（二）套保护由跳闸改为信号

2-2　220kV 第一（二）套母差保护由跳闸改为信号

（5）当主变压器 220kV 侧两套智能终端（或合并单元）同时故障时，主变压器保护、220kV 母差保护将无法跳开主变压器 220kV 断路器（或无法动作）。现场运维人员根据现场运行规程重启该套故障智能终端（或合并单元）装置，若重启无效，则保持停用状态；值班调控员根据现场运维人员所提出的要求，停用相应受影响保护装置，视电网实际运行情况，具备条件的可立即停役该主变压器，并通知检修人员进行处理(具体安措由现场提出)。

调度令：1号（2号）主变压器由运行改为热备用

【注】合并单元闭锁时退出相应SV软压板或主变压器220kV侧改开关检修。

（6）当主变压器110kV侧单套智能终端（或合并单元）故障时，受影响的主变压器保护装置和母差保护均无法跳开主变压器110kV断路器（或无法动作）。现场运维人员根据现场运行规程重启该套故障智能终端（或合并单元）装置，若重启无效，则保持停用状态；值班调控员根据现场运维人员提出要求停用相应受影响保护装置，并通知检修人员进行处理（具体安措由现场提出）。

110kV母差保护只配单套，仅接主变压器110kV侧第一套智能终端和第一套合并单元，第二套智能终端（或合并单元）故障时对110kV母差保护无影响。

1）若主变压器110kV第一套智能终端（或合并单元）故障。

调度令：2-1　1号（2号）主变压器第一套保护由跳闸改为信号

2-2　110kV母差保护由跳闸改为信号

【注】（1）有稳定要求的线路间隔应按规定作相应调整。

（2）若合并单元故障，220kV复压闭锁开放，需作相应调整。

2）若主变压器110kV第二套智能终端（或合并单元）闭锁。

调度令：1号（2号）主变压器第二套保护由跳闸改为信号

【注】若合并单元故障，220kV复压闭锁开放，需作相应调整。

（7）当主变压器110kV侧两套智能终端（或合并单元）同时故障时，主变压器保护、110kV 母差保护将无法跳开主变压器

110kV 断路器（或无法动作）。现场运维人员根据现场运行规程重启该套故障智能终端（或合并单元）装置，若重启无效，则保持停用状态；值班调控员根据现场运维人员所提出的要求，停用受影响保护装置，视电网实际运行情况，具备条件的可立即拉停主变压器 110kV 侧断路器（注意 35kV 侧方式调整），并通知检修人员进行处理（具体安措由现场提出）。

调度令：1 号（2 号）主变压器 110kV 开关由运行改为热备用

【注】（1）合并单元故障时退出相应 SV 软压板或主变压器 110kV 侧改开关检修。

（2）注意 35kV 侧方式调整。

（3）若合并单元故障，220kV 复压闭锁开放，需作相应调整。

（8）当主变压器 35kV 侧单套智能终端（或合并单元）故障时，受影响的主变压器保护装置保护无法跳开主变压器 35kV 断路器（或无法动作）。现场运维人员根据现场运行规程重启该套故障智能终端（或合并单元）装置，若重启无效，则保持停用状态；值班调控员根据现场运维人员提出要求停用相应受影响保护装置，并通知检修人员进行处理（具体安措由现场提出）。

调度令：1 号（2 号）主变压器第一（二）套保护由跳闸改为信号

【注】若合并单元故障，220kV 复压闭锁开放，需作相应调整。

（9）当主变压器 35kV 侧两套智能终端（或合并单元）同时故障时，主变压器保护将无法跳开主变压器 35kV 断路器（或无法动作）。现场运维人员根据现场运行规程重启该套故障智能终端（或合并单元）装置，若重启无效，则保持停用状态；值班调控员根据现场运维人员所提出的要求，停用受影响保护装置，视电网实际运行情况，具备条件的可立即拉停主变压器 35kV 侧断路器，并通知检修人员进行处理（具体安措由现场提出）。

调度令：1 号（2 号）主变压器 35kV 开关由运行改为热备用

【注】（1）合并单元故障时退出相应 SV 软压板或主变压器 35kV 侧改开关检修。

（2）若合并单元故障，220kV 复压闭锁开放，需作相应调整。

（10）当主变压器本体智能终端故障，主变压器本体非电量保护无法动作，现场运维人员根据现场运行规程重启该智能终端装置，若重启无效，则保持停用状态；通知检修人员进行处理。

调度令：2-1　1 号（2 号）主变压器本体重气体保护由跳闸改为信号

2-2　1 号（2 号）主变压器有载重气体保护由跳闸改为信号

（11）当主变压器 220kV 或 110kV 中性点合并单元故障，此时主变压器 220kV 或 110kV 间隙保护失去作用。现场运维人员根据现场运行规程重启该合并单元装置，若重启无效，则保持停用状态，值班调控员通知检修人员处理。若该主变压器中性点接地，则对主变压器无影响。若该主变压器中性点不接地，值班调控员调整变电站主变压器中性点接地方式。

（12）当 GOOSE/SV 组网链路中断或测控装置故障时，相关信号均失去监控，值班调控员可将间隔监控权限移交现场运维人员，并通知检修人员进行处理（具体安措由现场提出）。

五、110kV 线路间隔

110kV 线路为单套的保护测控一体化配置，配置单套合并单元和智能终端装置。

（一）信息流图

110kV 线路保护信息流图如图 3-16 所示，以洪兴 1133 线间隔为例：

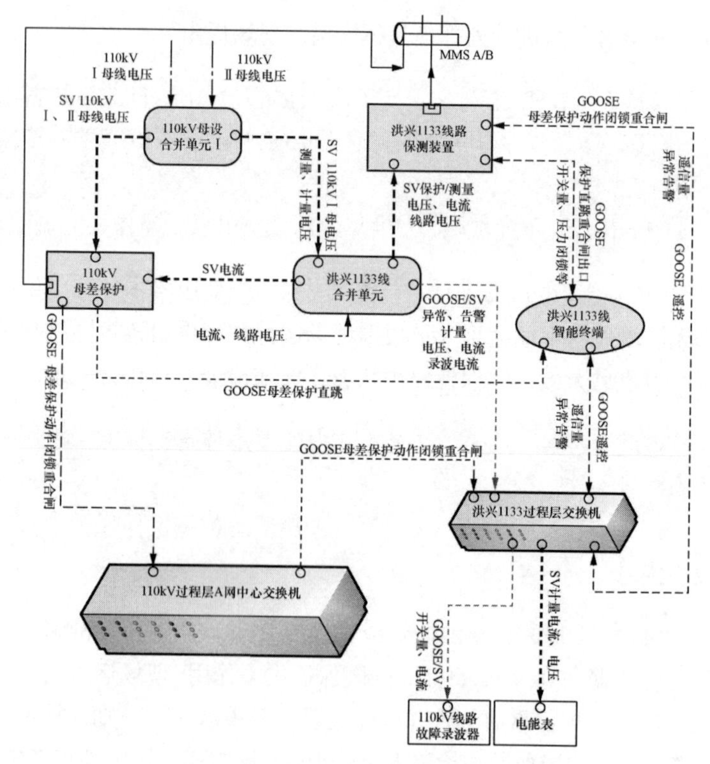

图 3-16　洪兴 1133 线保护信息流图

—·—电缆　——►网线　--►光纤（GOOSE）　--►光纤（SV）

--►光纤（GOOSE/SV）　网口　○光口

1．采样回路

洪兴 1133 线 TA、线路 TV 通过电缆将本间隔电流、线路压变电压量发送给本间隔合并单元。合并单元进行模数转换后，通过 SV 光纤以点对点的形式将电压、电流量发送给本间隔保护装置，同时将电流量发送给 110kV 母差保护装置。

洪兴 1133 线合并单元经光纤 SV 与 110kV 母设第一套合并单元级联，接收 110kV 对应母线电压。

另外，本间隔计量、测量及故障录波器电压、电流均由洪兴

1133 线合并单元通过光纤 SV 组网发送。

2. 跳闸回路

洪兴 1133 线保护（包括重合闸）通过光纤 GOOSE 点对点与本间隔智能终端直联直跳。110kV 母差保护通过光纤 GOOSE 点对点与本间隔智能终端直联直跳。

3. 信息交互

洪兴 1133 线间隔断路器、隔离开关等设备位置信息；一二次设备异常信息，如断路器机构压力低闭锁、装置异常告警；重合闸闭锁等保护装置之间配合信息以及设备遥控、解/连锁、远方复归等信息，均通过 GOOSE 组网进行交互。

（二）常见异常及影响分析

1. 链路中断

（1）洪兴 1133 线保测装置 GOOSE 直连链路中断。

洪兴 1133 线保测装置 GOOSE 直连链路中断现象、信号及重要影响如表 3-107 和表 3-108 所示。

表 3-107 110kV 线路保测 GOOSE 直连链路中断现象及信号列表

间隔	现 象	信 号
线路间隔	智能终端装置“运行异常”灯亮 智能终端“GSE 通信异常 A”灯亮 保测装置“运行异常”灯亮 保测装置液晶显示相应报文 GOOSE 链路图中该链路信号灯变红	智能终端异常或故障 智能终端 GOOSE 通信中断 保护测控装置异常

表 3-108 110kV 线路保测 GOOSE 直连链路中断重要影响列表

间隔	重 要 影 响
线路间隔	保护及重合闸均无法出口

（2）110kV 母差保护装置与洪兴 1133 间隔 GOOSE 直连链路中断。

110kV 母差保护装置 GOOSE 直跳洪兴 1133 间隔链路中断现

象、信号及重要影响如表 3-109 和表 3-110 所示。

表 3-109　110kV 母差保护装置与洪兴 1133 间隔 GOOSE 直连链路中断现象及信号列表

间隔	现　象	信　号
线路间隔	智能终端装置“运行异常”灯亮 智能终端“GSE 通信异常 A”灯亮 GOOSE 链路图中该链路信号灯变红	智能终端异常或故障 智能终端 GOOSE 通信中断

表 3-110　110kV 母差保护装置与洪兴 1133 间隔 GOOSE 直连链路中断重要影响列表

间隔	重 要 影 响
线路间隔	110kV 母差保护跳该支路无法出口

（3）洪兴 1133 线保测 SV 链路中断。

洪兴 1133 线保护 SV 链路中断现象、信号及重要影响如表 3-111 和表 3-112 所示。

表 3-111　110kV 线路保测 SV 链路中断现象及信号列表

间隔	现　象	信　号
线路间隔	保测装置“运行异常”灯亮 保测装置液晶显示相应报文 SV 链路图该链路信号灯变红	保护测控装置异常 保护装置 TA 断线 保护装置 TV 断线

表 3-112　110kV 线路保测 SV 链路中断重要影响列表

间隔	重要影响
线路间隔	保护无法采集保护电压、电流量，保护失去作用 测控装置无法采集间隔测控电压、电流

（4）洪兴 1133 线合并单元与 110kV 母差保护 SV 链路中断。

洪兴 1133 线合并单元与 110kV 母差保护 SV 链路中断现象、信号及重要影响如表 3-113 和表 3-114 所示。

表3-113 110kV线路合并单元与110kV母差保护SV链路中断现象及信号列表

间隔	现象	信号
线路间隔	110kV母差保护装置“运行异常”灯亮 110kV母差保护装置“TA断线”灯亮 保护装置液晶显示相关报文 SV链路图中该信号灯变红	110kV母差保护装置异常 110kV母差保护装置TA断线告警

表3-114 110kV线路合并单元与110kV母差保护SV链路中断重要影响列表

间隔	重要影响
线路间隔	110kV母差保护无法采集洪兴1133线支路电流量，110kV母差保护自动闭锁

（5）洪兴1133线合并单元与110kV母设合并单元ⅠSV链路中断。

洪兴1133线合并单元与110kV母设合并单元ⅠSV链路中断现象、信号及重要影响如表3-115和表3-116所示。

表3-115 110kV线路合并单元与110kV母设Ⅰ（Ⅱ）合并单元SV链路中断现象及信号列表

间隔	现象	信号
线路间隔	（线路）合并单元装置“采样异常”灯亮 （线路）合并单元装置“运行异常”灯亮 （线路）保护测控装置“运行异常”灯亮 保护测控装置液晶显示相应报文	（线路）合并单元装置异常或故障 （线路）保护测控装置异常

表3-116 110kV线路合并单元与110kV母设Ⅰ（Ⅱ）合并单元SV链路中断重要影响列表

间隔	重要影响
线路间隔	线路保护无法采集母线电压量，功率方向元件及距离保护均退出

（6）洪兴 1133 间隔 GOOSE/SV 组网链路中断。

洪兴 1133 间隔 GOOSE/SV 组网链路中断现象、信号及重要影响如表 3-117 和表 3-118 所示。

表 3-117　110kV 线路间隔 GOOSE/SV 组网链路中断现象及信号列表

间隔	现　象	信　号
线路间隔	保测装置“运行异常”灯亮 电能表告警 110kV 线路故障录波器告警 间隔过程层交换机告警且相应链路指示灯熄灭	保护测控装置异常 保护测控装置 GOOSE 通信中断 电能表无源告警 110kV 线路故障录波器告警 过程层交换机故障

表 3-118　110kV 线路间隔 GOOSE/SV 组网链路中断重要影响列表

间隔	重　要　影　响
线路间隔	保护测控装置无法采集间隔遥信信息，遥控无法执行 电能表无法采集计量电流、电压量 110kV 线路故障录波器无法采集本间隔电流量 本间隔设备解连锁、装置异常或告警、装置检修、远方复归等信息均无法交互

2. 装置故障

（1）保测装置。

洪兴 1133 线保护测控装置故障现象、信号及重要影响如表 3-119 和表 3-120 所示。

表 3-119　110kV 线路间隔保护测控装置故障中断现象及信号列表

间隔		现　象	信　号
线路间隔	电源故障	保测装置面板信号灯熄灭 智能终端装置“运行异常”灯亮 智能终端装置“GSE 通信异常 A”灯亮 GOOSE 链路图中该链路信号灯变红	保护测控装置故障
	插件故障	保测装置“装置异常”灯亮 保测装置液晶面板显示相应报文	保护测控装置故障

表 3-120　110kV 线路间隔保护测控装置故障重要影响列表

间隔	重要影响
线路间隔	保护及重合闸无法动作出口 本间隔断路器、隔离开关、接地开关无法遥控操作和远方复归 本间隔断路器机构、隔离开关机构位置及异常信号均无法上传 本间隔智能终端、合并单元异常等信号均无法上传 遥测量无法采集及上传

（2）合并单元。

洪兴 1133 线合并单元故障现象、信号及重要影响如表 3-121 和表 3-122 所示。

表 3-121　110kV 线路间隔合并单元故障中断现象及信号列表

<table>
<tr><th colspan="2">间隔</th><th>现象</th><th>信号</th></tr>
<tr><td rowspan="2">线路间隔</td><td>电源故障</td><td>合并单元装置面板信号灯熄灭
保测装置“运行异常”灯亮
110kV 母差保护装置“运行异常”灯亮
110kV 母差保护装置“TA 断线”灯亮
保护液晶显示相应报文
电能表告警
110kV 线路故障录波器告警
GOOSE 链路图中该链路信号灯变红</td><td>合并单元装置异常或故障
合并单元装置通信中断
保护测控装置故障
110kV 母差保护装置异常
110kV 母差保护 TA 断线告警
电能表无源告警
110kV 线路故障录波器告警</td></tr>
<tr><td>插件故障</td><td>合并单元装置“装置异常”灯亮</td><td>合并单元装置异常或故障</td></tr>
</table>

表 3-122　110kV 线路间隔合并单元故障重要影响列表

间隔	重要影响
线路间隔	保护电流、电压无法采集，保护及重合闸失去作用 本间隔测量电压、电流等遥测无法上传 110kV 母差保护无法采集本支路电流，母差保护闭锁 110kV 线路录波器无法采集本间隔电流量 电能表无法采集间隔电压、电流量

（3）智能终端。

洪兴 1133 线智能终端故障现象、信号及重要影响如表 3-123

和表 3-124 所示。

表 3-123　110kV 线路间隔智能终端故障中断现象及信号列表

间隔		现　象	信　号
线路间隔	电源故障	智能终端装置面板指示灯熄灭 保护测控装置告警	智能终端异常或故障 保护测控装置异常
	插件故障	智能终端装置“告警/闭锁”灯亮	智能终端异常或故障

表 3-124　110kV 线路间隔智能终端故障重要影响列表

间隔	重　要　影　响
线路间隔	线路保护及 110kV 母差保护跳本间隔断路器均无法出口 本间隔断路器、隔离开关、接地开关无法遥控操作和远方复归 本间隔断路器机构、隔离开关机构位置及异常信号均无法交互

（三）调控处理

（1）当发生以下三种异常情况时：

1）洪兴 1133 线保护装置装置故障；

2）洪兴 1133 线保护装置 GOOSE 直跳链路中断；

3）洪兴 1133 线保护装置 SV 采样回路链路中断。

根据异常分析，此时影响本线保护及重合闸出口，现场运维人员根据现场运行规程重启相关设备，若重启无效，值班调控员发令拉停该线路，将故障的保护改信号，并通知检修人员进行处理（具体安措由现场提出）。

调度令：2-1　洪兴 1133 线由运行改为热备用
2-2　洪兴 1133 线保护由跳闸改为信号

（2）当发生以下两种异常情况时：

1）110kV 母差保护直跳洪兴 1133 线 GOOSE 链路中断；

2）110kV 母差保护与洪兴 1133 线合并单元 SV 链路中断。

现场运维人员根据现场运行规程重启相关设备，若重启无效，根据异常分析，此时值班调控员需发令将 110kV 母差保护改信号（有稳定要求的线路间隔应按规定作相应调整），并通知检修人员处理（具体安措由现场提出）。

调度令：110kV 母差保护由跳闸改为信号

【注】有稳定要求的线路间隔应按规定作相应调整。

（3）当洪兴 1133 线智能终端（或合并单元）故障时，洪兴 1133 线保护装置、110kV 母差保护均无法跳开本线间隔（或无法动作）。现场运维人员根据现场运行规程重启相关设备，若重启无效，值班调控员视电网实际运行情况，具备条件的可立即拉停本线线路，通知检修人员进行处理（具体安措由现场提出）。

调度令：2-1　洪兴 1133 线由运行改为热备用

2-2　洪兴 1133 线保护由跳闸改为信号

（4）当 GOOSE/SV 组网链路中断或测控装置故障时，相关信号均失去监控，值班调控员可将间隔监控权限移交现场运维人员，并通知检修人员进行处理（具体安措由现场提出）。

六、110kV 母分间隔

110kV 母分为单套的保护测控一体化配置，独立组屏，配置单套合并单元和智能终端装置。

（一）信息流图（见图 3-17）

1. 采样回路

110kV 母分 TA 通过电缆将本间隔电流发送给本间隔合并单元。合并单元进行模数转换后，通过 SV 光纤以点对点的形式将电压、电流量发送给 110kV 母分保测装置，同时将电流量发送给 110kV 母差保护装置。

110kV 母分合并单元经光纤 SV 与 110kV 母设合并单元Ⅰ（Ⅱ）级联，接收 110kVⅠ、Ⅱ母电压。

另外，本间隔测量及故障录波器电压、电流均由 110kV 母分合并单元通过光纤 SV 组网发送。

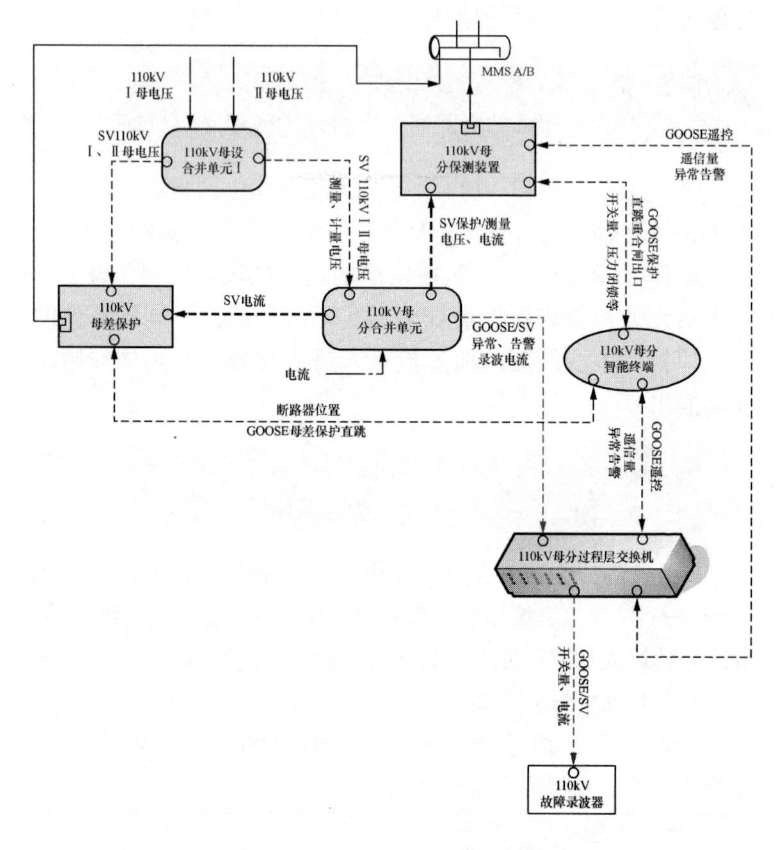

图 3-17　110kV 母分保护信息流图

—·—电缆　——►网线　--►光纤（GOOSE）　--►光纤（SV）

--►光纤（GOOSE/SV）　凹网口　○光口

2. 跳闸回路

110kV 母分保测装置通过光纤 GOOSE 点对点与本间隔智能终端直联直跳。

110kV 母差保护通过光纤 GOOSE 点对点与本间隔智能终端直联直跳。

3. 信息交互

110kV 母分间隔断路器、隔离开关等设备位置信息；一、二次设备异常信息，如断路器机构压力低闭锁、装置异常告警；保护装置之间配合信息以及设备遥控、解/连锁、远方复归等信息，均通过 GOOSE 组网进行交互。

（二）常见异常及影响分析

1. 链路中断

（1）110kV 母分保测装置 GOOSE 直连链路中断。

110kV 母分保测装置 GOOSE 直连链路中断现象、信号及重要影响如表 3-125 和表 3-126 所示。

（2）110kV 母差保护装置与 110kV 母分间隔 GOOSE 直连链路中断。

表 3-125　110kV 母分保测 GOOSE 直跳链路中断现象及信号列表

间隔	现　　象	信　　号
母分间隔	智能终端装置“运行异常”灯亮 智能终端“GSE 通信异常 A”灯亮 保测装置“运行异常”灯亮 保测装置液晶显示相应报文 GOOSE 链路图中该链路信号灯变红	智能终端异常或故障 智能终端 GOOSE 通信中断

表 3-126　110kV 母分保测 GOOSE 直跳链路中断重要影响列表

间隔	重　要　影　响
母分间隔	保护无法出口

110kV 母差保护装置 GOOSE 直跳 110kV 母分间隔链路中断现象、信号及重要影响如表 3-127 和表 3-128 所示。

表 3-127　110kV 母差保护装置与 110kV 母分间隔 GOOSE 直连链路中断现象及信号列表

间隔	现　象	信　号
母分间隔	智能终端装置“运行异常”灯亮 智能终端“GSE 通信异常 A”灯亮 110kV 母差保护装置“运行异常”灯亮 保护装置液晶显示相关报文 GOOSE 链路图中该链路信号灯变红	智能终端异常或故障 智能终端GOOSE通信中断 110kV 母差保护装置异常

表 3-128　110kV 母差保护装置与 110kV 母分间隔 GOOSE 直连链路中断重要影响列表

间隔	重　要　影　响
母分间隔	110kV 母差保护跳 110kV 母分无法出口

（3）主变压器保护装置 GOOSE 直跳 110kV 母分间隔链路中断。

主变压器保护装置 GOOSE 直跳 110kV 母分间隔链路中断现象、信号及重要影响如表 3-63 和表 3-64 所示。

（4）110kV 母分保测 SV 链路中断。

110kV 母分保测 SV 链路中断现象、信号及重要影响如表 3-129 和表 3-130 所示。

表 3-129　110kV 母分保测 SV 链路中断现象及信号列表

间隔	现　象	信　号
母分间隔	保测装置“运行异常”灯亮 保测装置液晶显示相应报文 SV 链路图该链路信号灯变红	保护测控装置异常

表 3-130　110kV 母分保测 SV 链路中断重要影响列表

间隔	重　要　影　响
母分间隔	保护无法采集保护电压、电流量，保护失去作用 测控无法采集间隔电压、电流量

（5）110kV 母分合并单元与 110kV 母差保护 SV 链路中断。

110kV 母分合并单元与 110kV 母差保护 SV 链路中断现象、信号及重要影响如表 3-131 和表 3-132 所示。

表 3-131　110kV 母分合并单元与 110kV 母差保护 SV 链路中断现象及信号列表

间隔	现　象	信　号
母分间隔	110kV 母差保护装置“运行异常”灯亮 110kV 母差保护装置“TA 断线”灯亮 110kV 母差保护装置“母联互联”灯亮 保护装置液晶显示相关报文 SV 链路图中该信号灯变红	110kV 母差保护装置异常 110kV 母差保护装置 TA 断线告警 110kV 母差保护互联

表 3-132　110kV 母分合并单元与 110kV 母差保护 SV 链路中断重要影响列表

间隔	重　要　影　响
母分间隔	110kV 母差保护无法采集 110kV 母分间隔电流量，110kV 母差保护自动转为“单母差”方式

（6）110kV 母分合并单元与 110kV 母设合并单元 I SV 链路中断。

110kV 母分合并单元与 110kV 母设合并单元 I SV 链路中断现象、信号及重要影响如表 3-133 和表 3-134 所示。

表 3-133　110kV 母分合并单元与 110kV 母设 I（II）合并单元 SV 链路中断现象及信号列表

间隔	现　象	信　号
母分间隔	合并单元装置“采样异常”灯亮 合并单元装置“运行异常”灯亮 保护测控装置“运行异常”灯亮 保测装置液晶显示相应报文	合并单元装置异常或故障 保护测控装置异常

表 3-134　110kV 母分合并单元与 110kV 母设Ⅰ（Ⅱ）合并单元 SV 链路中断重要影响列表

间隔	重 要 影 响
母分间隔	110kV 母分测控无法采集 110kV 母线电压量，保护可以正确动作

（7）110kV 母分间隔 GOOSE/SV 组网链路中断。

110kV 母分间隔 GOOSE/SV 组网链路中断现象、信号及重要影响如表 3-135 和表 3-136 所示。

表 3-135　110kV 母分间隔 GOOSE/SV 组网链路中断现象及信号列表

间隔	现 象	信 号
母分间隔	110kV 母差保护装置“运行异常”灯亮 保测装置“运行异常”灯亮 保护装置液晶显示相应报文 110kV 线路故障录波器告警 间隔过程层交换机告警且相应链路指示灯熄灭	110kV 母差保护装置异常 110kV 母分保护测控装置异常 110kV 母分保护测控装置 GOOSE 通信中断 110kV 线路故障录波器告警 过程层交换机故障

表 3-136　110kV 母分间隔 GOOSE/SV 组网链路中断重要影响列表

间隔	重 要 影 响
母分间隔	保护测控装置无法采集间隔遥信信息，遥控无法执行 110kV 线路故障录波器无法采集本间隔电流量、断路器位置 本间隔压力低闭锁、设备解连锁、装置异常或告警、装置检修远方复归等信息均无法交互

2．装置故障

（1）保测装置。

110kV 母分保护测控装置故障现象、信号及重要影响如表 3-137 和表 3-138 所示。

表 3-137　　110kV 母分间隔保护测控装置故障中断现象及信号列表

间隔		现　象	信　号
母分间隔	电源故障	保测装置面板信号灯熄灭 智能终端装置“运行异常”灯亮 智能终端装置“GSE 通信异常 A”灯亮 GOOSE 链路图中该链路信号灯变红	110kV 母分保护测控装置故障
	插件故障	保测装置“运行异常”灯亮 保测装置液晶面板显示相应报文	110kV 母分保护测控装置故障

表 3-138　　110kV 母分间隔保护测控装置故障重要影响列表

间隔	重 要 影 响
母分间隔	保护无法动作出口 本间隔断路器、隔离开关、接地开关无法遥控操作和远方复归 本间隔断路器机构、隔离开关机构位置及异常信号均无法上传 本间隔智能终端、合并单元异常等信号均无法上传 遥测量无法采集及上传

（2）合并单元。

110kV 母分合并单元故障现象、信号及重要影响如表 3-139 和表 3-140 所示。

表 3-139　　110kV 母分间隔合并单元故障中断现象及信号列表

间隔		现　象	信　号
母分间隔	电源故障	合并单元装置面板信号灯熄灭 保测装置“运行异常”灯亮 110kV 母差保护装置“运行异常”灯亮 110kV 母差保护装置“TA 断线”灯亮 110kV 母差保护装置“母联互联”灯亮 保护液晶显示相应报文 GOOSE 链路图中该链路信号灯变红	110kV 母分合并单元装置异常或故障 110kV 保护测控装置故障 110kV 母差保护装置异常 110kV 母差保护 TA 断线告警 110kV 母差保护互联

续表

间隔		现　象	信　号
母分间隔	插件故障	合并单元装置“装置异常”灯亮	110kV 母分合并单元装置异常或故障

表 3-140　110kV 母分间隔合并单元故障重要影响列表

间隔	重　要　影　响
母分间隔	保护电流、电压无法采集，保护失去作用 本间隔电压、电流量无法上传 110kV 母差保护无法采集本支路电流，母差保护自动转为“单母差”方式 110kV 线路录波器无法采集本间隔电流量

（3）智能终端。

110kV 母分智能终端故障现象、信号及重要影响如表 3-141 和表 3-142 所示。

表 3-141　110kV 母分间隔智能终端故障现象及信号列表

间隔		现　象	信　号
母分间隔	电源故障	110kV 母差保护装置“运行异常”灯亮 智能终端装置面板信号灯熄灭 保护测控装置告警 保测装置液晶显示相应报文	110kV 母差保护装置异常 110kV 母分智能终端异常或故障 110kV 母分保护测控装置异常
	插件故障	智能终端装置“告警/闭锁”灯亮	110kV 母分智能终端异常或故障

表 3-142　110kV 母分间隔智能终端故障重要影响列表

间隔	重　要　影　响
母分间隔	线路保护、110kV 母差保护及主变压器 110kV 后备保护跳本间隔断路器均无法出口 本间隔断路器、隔离开关、接地开关无法遥控操作和远方复归 本间隔断路器机构、隔离开关机构位置及异常信号均无法上传

（三）调控处理

（1）当发生以下三种异常情况时：

1）110kV 母分保护装置装置故障；

2）110kV 母分保护装置 GOOSE 直跳链路中断；

3）110kV 母分保护装置 SV 链路中断。

根据异常分析，此时仅影响本间隔保护。正常运行方式下，110kV 母分保护处信号状态。现场运维人员根据现场运行规程重启相关设备，若重启无效，值班调控员通知检修人员进行处理。

（2）当发生以下两种异常情况时：

1）110kV 母差保护直跳 110kV 母分 GOOSE 链路中断；

2）110kV 母差保护与 110kV 母分合并单元 SV 链路中断。

根据异常分析，现场运维人员根据现场运行规程重启相关设备，若重启无效，值班调控员停役 110kV 母分间隔。

调度令：110kV 母分开关由运行改为热备用

【注】注意 35kV 侧方式调整。

（3）当 110kV 母分智能终端故障时，110kV 母分保护装置，110kV 母差保护均无法跳开本间隔断路器，现场运维人员按照现场规程重启该故障智能终端装置，若重启无效，值班调控员停役 110kV 母分间隔，并通知检修人员进行处理（具体安措由现场提出）。

调度令：110kV 母分开关由运行改为热备用

【注】注意 35kV 侧方式调整。

（4）当 110kV 母分合并单元故障时，则 110kV 母差保护自动转为“单母差”方式，运维人员按照现场规程重启故障合并单元，若重启无效，值班调控员停役 110kV 母分间隔，并通知检修人员处理。

调度令：110kV 母分开关由运行改为热备用

【注】注意 35kV 侧方式调整。

（5）当组网 GOOSE/SV 链路中断或测控装置故障时，相关信号均失去监控，值班调控员可将间隔监控权限移交现场运维人员，并通知检修人员进行处理（具体安措由现场提出）。

七、110kV 母线间隔

110kV 母差保护单套配置，110kVⅠ、Ⅱ段母线配置 110kV 母设合并单元Ⅰ、Ⅱ及 110kVⅠ、Ⅱ母设智能终端。

（一）信息流图（见图 3-18）

1．采样回路

110kVⅠ、Ⅱ母 TV 通过电缆将本间隔电压发送给 110kV 母设合并单元Ⅰ、Ⅱ。合并单元进行模数转换后，通过 SV 光纤以点对点的形式将电压量发送给 110kV 母差保护装置。

110kV 各间隔合并单元经光纤 SV 点对点将本间隔电流发送给 110kV 母差保护。

另外，110kVⅠ、Ⅱ母测量及 110kV 线路故障录波器、主变压器故障录波器电压均由 110kV 母设合并单元Ⅰ通过光纤 SV 组网发送。

2．跳闸回路

110kV 母差保护通过光纤 GOOSE 点对点与 110kV 各间隔智能终端直联直跳。

3．信息交互

110kV 母线间隔隔离开关等位置信息；一二次设备异常信息，如气室压力低、装置异常等；设备遥控及解连锁、装置检修远方复归等信息均通过 GOOSE 组网进行交互。

（二）常见异常及影响分析

1．链路中断

（1）110kV 母差保护与 110kV 支路间隔 GOOSE 直连链路中断。

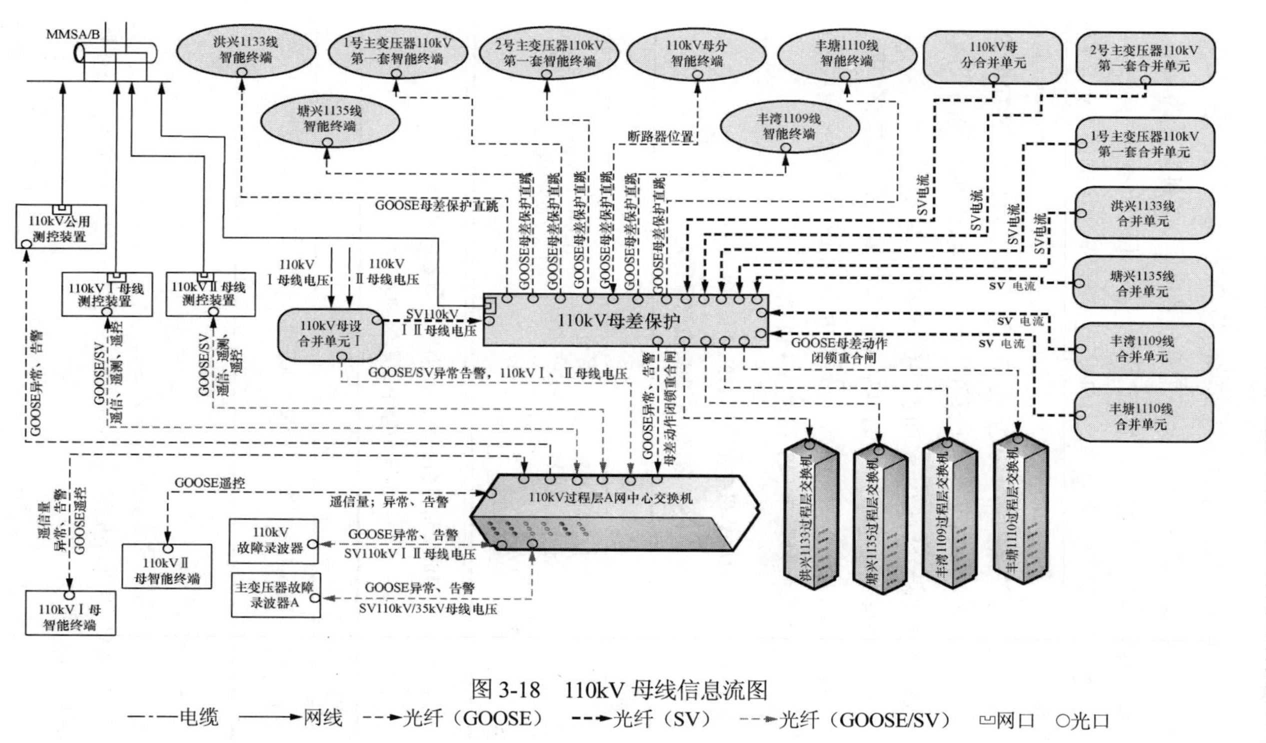

图 3-18　110kV 母线信息流图

—·—电缆　——▸网线　- - -▸光纤（GOOSE）　- - -▸光纤（SV）　- - -▸光纤（GOOSE/SV）　▭网口　○光口

110kV 母差保护与 110kV 支路间隔 GOOSE 直连链路中断现象、信号及重要影响可参见上述主变压器间隔、110kV 线路间隔、110kV 母分间隔分析描述，如表 3-59～表 3-120 所示。

（2）110kV 母差保护与 110kV 支路间隔合并单元 SV 链路中断。

110kV 母差保护与 110kV 支路间隔合并单元 SV 链路中断现象、信号及重要影响可参见上述主变压器间隔、110kV 线路间隔、110kV 母分间隔分析描述，如表 3-67～表 3-124 所示。

（3）110kV 母差保护与 110kV 母设合并单元Ⅰ SV 链路中断。

110kV 母差保护与 110kV 母设合并单元Ⅰ SV 链路中断现象、信号及重要影响如表 3-143 和表 3-144 所示。

表 3-143　110kV 母差保护与 110kV 母设合并单元Ⅰ SV 链路中断现象及信号列表

间隔	现　象	信　号
母线间隔	110kV 母差保护装置“运行异常”灯亮 110kV 母差保护装置“TV 断线”灯亮 保护装置液晶显示相关报文 SV 链路图中该信号灯变红	110kV 母差保护装置异常 110kV 母差保护装置 TV 断线告警

表 3-144　110kV 母分合并单元与 110kV 母差保护 SV 链路中断重要影响列表

间隔	重 要 影 响
线路间隔	110kV 母差保护无法采集 110kV 母线电压，110kV 母差保护复压闭锁开放，容易误动

2．装置故障

（1）110kV 母差保护装置。

110kV 母差保护装置故障现象、信号及重要影响如表 3-145 和表 3-146 所示。

表 3-145　　110kV 母差保护装置故障现象及信号列表

装置		现　　象	信　　号
110kV 母差保护	电源故障	110kV 母差保护装置面板信号灯熄灭 （支路）智能终端"运行异常"灯亮 （支路）智能终端"GSE 通信异常 A"灯亮 GOOSE 链路图中相关链路信号灯变红	110kV 母差保护装置故障 （支路）智能终端异常或故障 （支路）智能终端 GOOSE 通信中断 （主变压器）110kV 第一套智能终端异常或故障 （主变压器）110kV 第一套智能终端 GOOSE 通信中断
	插件故障	110kV 母差保护装置"装置异常"灯亮 保护液晶面板显示相应报文	110kV 母差保护装置故障

表 3-146　　110kV 母差保护装置故障重要影响列表

装置	重　要　影　响
110kV 母差保护	110kV 母差保护无法动作出口

（2）合并单元。

110kV 母设合并单元故障现象、信号及重要影响如表 3-147 和表 3-148 所示。

表 3-147　　110kV 母设合并单元故障现象及信号列表

装置		现　　象	信　　号
母设 I	电源故障	110kV 母设合并单元 I 面板信号灯熄灭 （线路或母分）合并单元"采样异常"灯亮 （线路或母分）合并单元"运行异常"灯亮 （主变压器 110kV）合并单元"维修/告警"灯亮	110kV 母设合并单元 I 装置异常或故障 （支路）合并单元异常或故障 （支路）合并单元通信中断 1 号（2 号）主变压器 110kV 第一套合并单元异常或故障 1 号（2 号）主变压器 110kV 第一套合并单元通信中断 （支路）保护测控装置异常

续表

装置		现　　象	信　　号
母设Ⅰ	电源故障	（线路或母分）保护测控"运行异常"灯亮 主变压器第一套保护"运行异常"灯亮 110kV 母差保护装置"运行异常"灯亮 110kV 母差保护装置"TV 断线"灯亮 保护装置液晶显示相关报文 110kVⅠ母线测控装置"运行异常"灯亮 110kVⅡ母线测控装置"运行异常"灯亮 110kV 线路故障录波器告警 主变压器故障录波器 A 告警 各间隔电能表告警 SV 链路图中相关链路信号灯变红	110kV 母差保护装置异常 110kVⅠ母线测控装置异常 110kVⅡ母线测控装置异常 110kV 线路故障录波器告警 主变压器故障录波器 A 告警 （各间隔）电能表无源告警
	插件故障	110kV 母设合并单元Ⅰ"装置异常"灯亮	110kV 母设合并单元Ⅰ装置异常或故障
母设Ⅱ	电源故障	110kV 母设合并单元Ⅱ面板信号灯熄灭 （线路）合并单元"采样异常"灯亮 （线路）合并单元"运行异常"灯亮 （主变压器 110kV）合并单元"维修/告警"灯亮 （线路）保护测控"运行异常"灯亮 主变压器第二套保护"运行异常"灯亮 保护装置液晶显示相关报文 110kV 公用测控 B 装置"运行异常"灯亮 主变压器故障录波器 B 告警 SV 链路图中相关链路信号灯变红	110kV 母设合并单元Ⅱ装置异常或故障 （支路）合并单元异常或故障 （支路）合并单元通信中断 1 号（2 号）主变压器 110kV 第二套合并单元异常或故障 1 号（2 号）主变压器 110kV 第二套合并单元通信中断 （支路）保护测控装置异常 110kV 公用测控 B 装置异常 主变压器故障录波器 B 告警
	插件故障	110kV 母设合并单元Ⅱ"装置异常"灯亮	110kV 母设合并单元Ⅱ装置异常或故障

表 3-148　　110kV 母设合并单元故障重要影响列表

装置	重要影响
母设Ⅰ	110kV 各线路间隔保护电压无法采集，距离保护闭锁，方向元件退出 主变压器第一套保护无法采集 110kV 母线电压，220kV 及 110kV 后备保护复合电压闭锁开放，保护方向元件退出 110kV 母差保护无法采集 110kVⅠ、Ⅱ母线电压，复合电压闭锁开放 110kVⅠ、Ⅱ母线测控装置无法采集母线电压量 110kV 线路故障录波器及主变压器故障录波器 A 无法采集 110kV 母线电压量
母设Ⅱ	110kV 各线路间隔保护电压无法采集，距离保护闭锁，方向元件退出 主变压器第二套保护无法采集 110kV 母线电压，220kV 及 110kV 后备保护复合电压闭锁开放，保护方向元件退出 主变压器故障录波器 B 无法采集 110kV 母线电压量

（3）智能终端。

110kV 母设智能终端故障现象、信号及重要影响如表 3-149 和表 3-150 所示。

表 3-149　　110kV 母设智能终端故障现象及信号列表

装置		现　象	信　号
Ⅰ母设	电源故障	110kVⅠ母线智能终端面板信号灯熄灭 110kVⅠ母线测控装置“运行异常”灯亮 GOOSE 链路图中该链路信号灯变红	110kVⅠ母线智能终端异常或故障 110kVⅠ母线测控装置异常
	插件故障	110kVⅠ母线智能终端“运行异常”灯亮	110kVⅠ母线智能终端异常或故障
Ⅱ母设	电源故障	110kVⅡ母线智能终端面板信号灯熄灭 110kVⅡ母线测控装置“运行异常”灯亮 GOOSE 链路图中该链路信号灯变红	110kVⅡ母线智能终端异常或故障 110kVⅡ母线测控装置异常
	插件故障	110kVⅡ母线智能终端“运行异常”灯亮	110kVⅡ母线智能终端异常或故障

表 3-150　　110kV 母设智能终端故障重要影响列表

装置	重要影响
Ⅰ母设	110kVⅠ母线间隔压变隔离开关、接地开关及 110kVⅠ母线接地开关无法遥控操作和远方复归 110kVⅠ母线间隔设备位置及异常信号均无法上传
Ⅱ母设	110kVⅡ母线间隔压变隔离开关、接地开关及 110kVⅡ母线接地开关无法遥控操作和远方复归 110kVⅡ母线间隔设备位置及异常信号均无法上传

（4）测控装置。

110kV 母设测控装置故障现象、信号及重要影响如表 3-151 和表 3-152 所示。

表 3-151　　110kV 母设测控装置故障现象及信号列表

装置		现象	信号
Ⅰ母线测控	电源故障	110kVⅠ母线测控装置面板信号灯熄灭 监控系统 110kVⅠ母设间隔通信中断 110kVⅠ母线智能终端“运行异常”灯亮	110kVⅠ母线测控装置异常 110kVⅠ母线测控装置 MMS 网通信中断 110kVⅠ母线智能终端异常或故障
	插件故障	110kVⅠ母线测控装置“装置异常”灯亮 测控装置液晶显示相关报文	110kVⅠ母线测控装置异常
Ⅱ母线测控	电源故障	110kVⅡ母线测控装置面板信号灯熄灭 监控系统 110kVⅡ母线设间隔通信中断 110kVⅡ母线智能终端“运行异常”灯亮	110kVⅡ母线测控装置异常 110kVⅡ母线测控装置 MMS 网通信中断 110kVⅡ母线智能终端异常或故障
	插件故障	110kVⅡ母线测控装置“装置异常”灯亮 测控装置液晶显示相关报文	110kVⅡ母线测控装置异常

表 3-152　　110kV 母设测控装置故障重要影响列表

装置	重要影响
Ⅰ母线测控	110kV Ⅰ母线压变隔离开关、接地开关及Ⅰ母线接地开关无法遥控操作和远方复归 110kV Ⅰ母线间隔设备位置及异常信号均无法上传 110kV Ⅰ母线智能终端、110kV 母设合并单元Ⅰ异常等信号均无法上传 110kV 母差保护装置闭锁信号均无法上传 110kV Ⅰ母线电压遥测量均无法采集并上传
Ⅱ母线测控	110kV Ⅱ母线压变隔离开关、接地开关及Ⅱ母线接地开关无法遥控操作和远方复归 110kV Ⅱ母线间隔设备位置及异常信号均无法上传 110kV Ⅱ母线智能终端异常等信号均无法上传 110kV 母差保护装置闭锁信号均无法上传 110kV Ⅱ母线电压遥测量无法采集并上传

（三）调控处理

（1）当发生以下四种异常情况时：

1）110kV 母差保护装置装置故障；

2）110kV 母差保护装置 GOOSE 直跳线路及主变压器间隔链路中断；

3）110kV 母差保护与线路及主变压器间隔合并单元 SV 链路中断；

4）110kV 母差保护与 110kV 母设合并单元Ⅰ SV 链路中断。

根据异常分析，以上第一、二种情况会导致 110kV 母差保均无法出口；第三种情况会导致 110kV 母差保护闭锁；第四种情况时，因 110kV 母差保护复合电压闭锁开放，母差保护可能误动。现场运维人员根据现场运行规程重启相关设备，若重启无效，值班调控员发令将 110kV 母差保护改信号，并通知检修人员处理（具体安措由现场提出）（母分间隔调控处理见第三章相关章节）。

调度令：110kV 母差保护由跳闸改为信号

【注】有稳定要求时，需同时调整相应保护时限。

（2）110kVⅠ（Ⅱ）母智能终端故障时，值班调控员许可现场运维人员按照现场规程重启该套故障智能终端装置，若重启后恢复正常则异常消除；若无法恢复则保持停用状态，通知检修人员进行处理（具体安措由现场提出）。

（3）110kV 母设合并单元Ⅰ故障，现场运维人员按照现场规程重启该合并单元装置。若重启无效，值班调控员将受影响的保护改信号，通知检修人员进行处理（具体安措由现场提出）。

调度令：3-1　110kV 母差保护由跳闸改为信号

3-2　1 号主变压器第一套 110kV 后备保护由跳闸改为信号

3-3　2 号主变压器第一套 110kV 后备保护由跳闸改为信号

【注】（1）线路间隔 TV 断线时，过流保护投入，应按照要求控制线路负荷；

（2）主变压器 220kV 后备保护复合电压采主变压器三侧母线电压，退出主变压器 220kV 后备保护取 110kV 侧母线电压功能；

（3）110kV 母差保护复合电压闭锁开放，为防止母差保护误动，应停用。

（4）110kV 母设合并单元Ⅱ故障，现场运维人员按照现场规程重启该合并单元装置。若重启无效，值班调控员将受影响的保护改信号，通知检修人员进行处理（具体安措由现场提出）。

调度令：2-1　1 号主变压器第二套 110kV 后备保护由跳闸改为信号

2-2　2 号主变压器第二套 110kV 后备保护由跳闸改为信号

【注】(1) 线路间隔 TV 断线时，过流保护投入，应按照要求控制线路负荷；

(2) 主变压器 220kV 后备保护复合电压采主变压器三侧母线电压，退出主变压器 220kV 后备保护取 110kV 侧母线电压功能。

(5) 当 110kV 母设合并单元Ⅰ、Ⅱ同时故障时，现场运维人员按照现场规程重启合并单元装置，若重启无效，值班调控员根据影响停用相应保护，通知检修人员进行处理（具体安措由现场提出）。

(6) 当组网 GOOSE/SV 链路中断或测控装置故障时，相关信号均失去监控，值班调控员可将间隔监控权限移交现场运维人员，并通知检修人员进行处理（具体安措由现场提出）。

八、交换机

(一) 常见异常及影响分析

过程层（中心）交换机故障现象、信号及重要影响如表 3-153 和表 3-154 所示。

表 3-153　过程层（中心）交换机故障现象及信号列表

间隔		现　象	信　号
交换机	电源故障	交换机装置面板指示灯熄灭 其他信号类似间隔 GOOSE/SV 组网链路中断	××过程层（中心）交换机故障 其他信号同间隔 GOOSE/SV 组网链路中断
	插件故障	交换机装置面板“ALM”告警灯亮	××过程层（中心）交换机故障

表 3-154　过程层（中心）交换机闭锁重要影响列表

间隔	重 要 影 响
过程层交换机	其重要影响参见相关间隔 GOOSE/SV 链路中断 电能表无法采集母线电压 遥控等信息无法交互
中心交换机	220kV 各间隔失灵启动等信息无法交互 故障录波器无法采集母线电压

（二）调控处理

（1）当过程层间隔交换机故障时，运维人员根据现场规程重启故障交换机，重启后若无法恢复，因相关信号均失去监控，值班调控员可将间隔监控权限移交现场运维人员，并通知检修人员进行处理（具体安措由现场提出）。

（2）当过程层中心交换机故障时，运维人员根据现场规程重启故障交换机，重启后若无法恢复，通知检修人员进行处理（具体安措由现场提出）。因 220kV 涉及失灵启动信息交互，此时间隔失灵保护失去作用，则运维人员应加强相关设备的巡视，必要时恢复有人值班。

第三节　案　例　分　析

案例：1 号主变压器 220kV 第一套合并单元故障

一、异常发生

2014 年××月××日 09 时 31 分，OPEN3000 监控系统音响告警，告警窗画如图 3-19 所示。

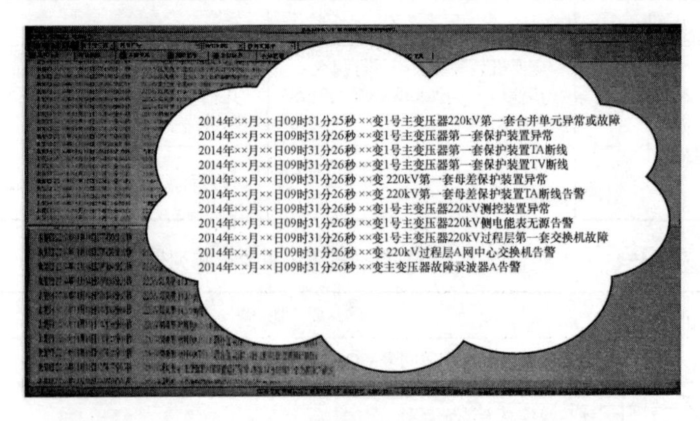

图 3-19　OPEN3000 监控系统告警窗画面图

如图 3-19 所示，监控系统告警窗告警信息如下：

2014 年××月××日 09 时 31 分 25 秒 ××变 1 号主变压器 220kV 第一套合并单元异常或故障
2014 年××月××日 09 时 31 分 26 秒××变 1 号主变压器第一套保护装置异常
2014 年××月××日 09 时 31 分 26 秒××变 1 号主变压器第一套保护装置 TA 断线
2014 年××月××日 09 时 31 分 26 秒××变 1 号主变压器第一套保护装置 TV 断线
2014 年××月××日 09 时 31 分 26 秒××变 220kV 第一套母差保护装置异常
2014 年××月××日 09 时 31 分 26 秒××变 220kV 第一套母差保护装置 TA 断线告警
2014 年××月××日 09 时 31 分 26 秒××变 1 号主变压器 220kV 测控装置异常
2014 年××月××日 09 时 31 分 26 秒××变 1 号主变压器 220kV 侧电能表无源告警
2014 年××月××日 09 时 31 分 26 秒××变 1 号主变压器 220kV 过程层第一套交换机故障
2014 年××月××日 09 时 31 分 26 秒××变 220kV 过程层 A 网中心交换机故障
2014 年××月××日 09 时 31 分 26 秒××变 主变压器故障录波器 A 告警

调控中心值班调控员通知运维站人员派人至变电站检查，告知变电检修室相关事宜，要求做好检修准备工作。

二、现场检查

10 时 10 分运维人员汇报：运维人员已到达现场，准备进行检查。

10 时 16 分现场运维人员汇报检查情况。

（一）现场后台光字牌动作情况

现场后台光字牌动作情况如图 3-20 所示。

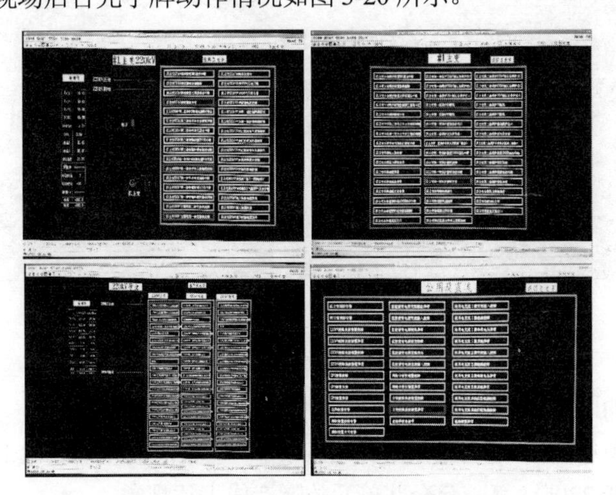

图 3-20 变电站后台单间隔画面图

如图 3-20 所示，后台光字牌点亮情况如下：

1 号主变压器 220kV 第一套合并单元异常或故障
1 号主变压器 220kV 过程层第一套交换机故障
220kV 过程层 A 网中心交换机故障
1 号主变压器 220kV 测控装置异常
主变压器故障录波器 A 告警
1 号主变压器第一套保护装置异常
1 号主变压器第一套保护装置 TA 断线
1 号主变压器第一套保护装置 TV 断线
220kV 第一套母差保护装置异常
220kV 第一套母差保护装置 TA 断线告警

（二）现场设备检查情况

现场各设备情况检查如图 3-21 所示。

图 3-21　变电站现场相关联装置画面图

如图 3-21 所示，现场设备检查情况如下：

现场运维人员汇报值班调控员现场检查情况，确认因 1 号主变压器 220kV 第一套合并单元故障造成上述现象。

1 号主变压器 220kV 第一套合并单元装置面板信号灯熄灭
1 号主变压器 220kV 第一套保护装置“运行异常”灯亮
1 号主变压器第一套保护装置面板显示“采样异常”报文
220kV 第一套母差保护装置“报警”灯亮
220kV 第一套母差保护装置“交流断线”灯亮
220kV 第一套母差保护装置液晶面板显示“1 号主变压器 220kV 支路电流采样异常”报文
1 号主变压器 220kV 测控装置“运行异常”灯亮
主变压器故障录波器 A 装置告警
SV 链路图中该链路信号灯变红

三、方案确定

当值调控员根据现场运维人员的汇报，核实 1 号主变压器 220kV 第一套合并单元电源空气断路器合位，空气断路器上下桩头电压测量正常。由现场运维人员根据现场运行规程重启该故障合并单元（将装置检修压板投入）后无法恢复，初步怀疑装置电源板故障引起。现场申请停役受影响的 1 号主变压器第一套保护和 220kV 第一套母差保护。

当值调控员根据分析结果，咨询继电保护专职意见，并核实 1 号主变压器第二套保护、220kV 第二套母差保护运行正常，确定处理方案：

（1）保持 1 号主变压器 220kV 第一套合并单元装置目前状态（保持该装置检修压板投入状态）；

（2）停役受影响的保护：将 1 号主变压器第一套保护和 220kV 第一套母差保护改信号状态；

（3）通知检修人员进行消缺处理；

（4）汇报相关领导上述缺陷事宜。

四、调控处理

值班调控员根据确定的处理方案，进行缺陷处理。

10 时 18 分值班调控员汇报相关领导上述缺陷事宜及处理方案。

10 时 20 分值班调控员核实 1 号主变压器第二套保护、220kV

第二套母差保护运行正常。

正令： 2-1 ××变1号主变压器第一套保护由跳闸改为信号
2-2 ××变220kV第一套母差保护由跳闸改为信号

10时21分值班调控员通知变电检修室，告其上述事宜，要求派人至现场检修。

10时35分现场运维人员汇报上述正令操作完毕。

第四章

110kV 智能变电站二次典型异常分析及处理

110kV 智能变电站都是基于 IEC 61850 标准，110kV 智能变电站站控层与间隔层保护测控等设备采用 IEC 61850 通信协议；110kV 间隔层与过程层合并单元采用点对点通信；间隔层与过程层采用 GOOSE 通信协议，10kV 馈线仍采用传统的微机保护。目前现已投运或正在建设的智能变电站，不可能为同一设计模式的复制，因而或多或少存在一定的不同之处。为此在介绍智能变电站异常分析、处理时采用模型构建的方式，以此模型进行详细分析介绍，以下为 110kV 智能变电站模型。

第一节　变电站概况

一、主接线图

110kV 智能变电站模型为两台主变压器，内桥接线，两台主变压器两侧并列运行，主接线图如图 4-1 所示。

二、设备配置

本站 110kV 采用 GIS 设备，10kV 采用传统设备。主变压器间隔保护及合并单元、110kV 间隔合并单元均双重化配置，智能终端单套配置；10kV 母设及馈线间隔不配置智能终端和合并单元设备。相关设备清单如表 4-1～表 4-5 所示。

三、网络结构图

图 4-2～图 4-4 分别为 110kV 智能变电站（模型）网络结构图、全站站控层 MMS 网络图、网络分析仪 MMS 网络接口图。

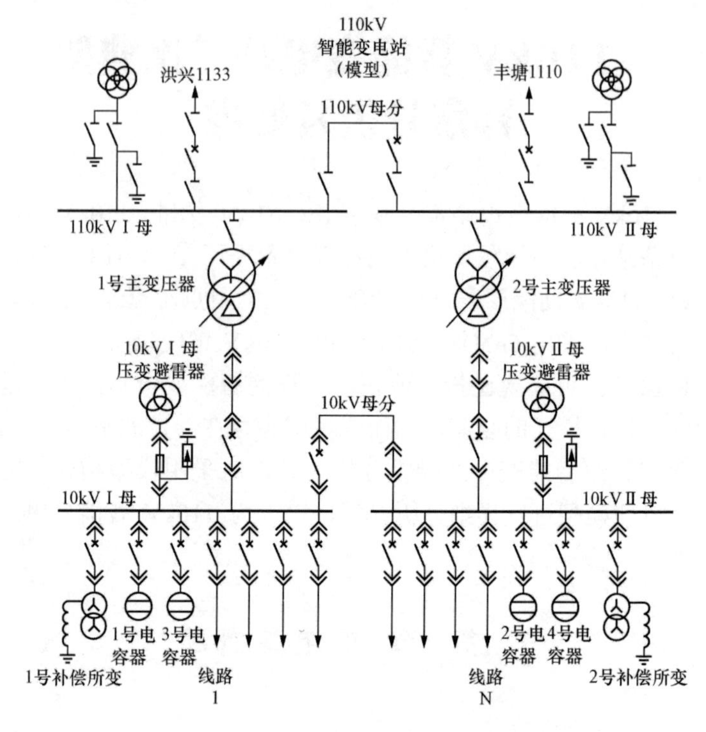

图 4-1　110kV 智能变电站（模型）主接线图

表 4-1　　　　主变压器间隔相关设备清单表

间隔	设备配置		型号
主变压器	保护装置	主变压器第一套保护	PCS-978
		主变压器第二套保护	PCS-978
	智能终端	主变压器 10kV 智能终端	PSIU-641
		主变压器本体智能终端	PSIU-602GT
	合并单元	主变压器 10kV 第一套合并单元	DMU-831/G
		主变压器 10kV 第二套合并单元	DMU-831/G
		主变压器本体第一套合并单元	DMU-831/G
		主变压器本体第二套合并单元	DMU-831/G
	测控装置	主变压器测控装置	FCK-851B/G
		主变压器本体测控装置	FCK-851B/G

表 4-2　　110kV 线路间隔相关设备清单表

<table>
<tr><th>间隔</th><th colspan="2">设 备 配 置</th><th>型号</th></tr>
<tr><td rowspan="4">110kV 线路间隔</td><td>智能终端</td><td>110kV 线路智能终端</td><td>PSIU-621GC</td></tr>
<tr><td rowspan="2">合并单元</td><td>110kV 线路第一套合并单元</td><td>DMU-831/G</td></tr>
<tr><td>110kV 线路第二套合并单元</td><td>DMU-831/G</td></tr>
<tr><td>测控装置</td><td>110kV 线路测控装置</td><td>FCK-851B/G</td></tr>
</table>

表 4-3　　110kV 母分间隔相关设备清单表

<table>
<tr><th>间隔</th><th colspan="2">设 备 配 置</th><th>型号</th></tr>
<tr><td rowspan="6">110kV 母分间隔</td><td rowspan="2">保护装置</td><td>110kV 母分保测</td><td>PCS-923</td></tr>
<tr><td>110kV 备自投</td><td>PCS-9651</td></tr>
<tr><td>智能终端</td><td>110kV 母分智能终端</td><td>PSIU-621GC</td></tr>
<tr><td rowspan="2">合并单元</td><td>110kV 母分第一套合并单元</td><td>DMU-831/G</td></tr>
<tr><td>110kV 母分第二套合并单元</td><td>DMU-831/G</td></tr>
<tr><td>测控装置</td><td>110kV 母分测控装置</td><td>FCK-851B/G</td></tr>
</table>

表 4-4　　110kV 母设间隔相关设备清单表

<table>
<tr><th>间隔</th><th colspan="2">设 备 配 置</th><th>型号</th></tr>
<tr><td rowspan="6">110kV 母设间隔</td><td rowspan="2">智能终端</td><td>110kV Ⅰ 母线智能终端</td><td>PSIU-621GC</td></tr>
<tr><td>110kV Ⅱ 母线智能终端</td><td>PSIU-621GC</td></tr>
<tr><td rowspan="2">合并单元</td><td>110kV 母设第一套合并单元</td><td>DMU-833/G</td></tr>
<tr><td>110kV 母设第二套合并单元</td><td>DMU-833/G</td></tr>
<tr><td rowspan="2">测控装置</td><td>110kV Ⅰ 母线测控装置</td><td>FCK-851B/G</td></tr>
<tr><td>110kV Ⅱ 母线测控装置</td><td>FCK-851B/G</td></tr>
</table>

表 4-5　　公用设备相关设备清单表

<table>
<tr><th>间隔</th><th colspan="2">设 备 配 置</th><th>型号</th></tr>
<tr><td rowspan="7">公用设备</td><td rowspan="2">测控装置</td><td>公用测控装置一</td><td>FCK-852B/G</td></tr>
<tr><td>公用测控装置二</td><td>FCK-852B/G</td></tr>
<tr><td rowspan="5">其他设备</td><td>时间同步系统装置</td><td>T5100S</td></tr>
<tr><td>10kV Ⅰ、Ⅱ段母分保护装置</td><td>WCH-821B/G</td></tr>
<tr><td>10kV Ⅰ、Ⅱ段母分备自投</td><td>WCH-821B/G</td></tr>
<tr><td>网络报文采集装置</td><td>N516</td></tr>
<tr><td>网络报文记录分析装置</td><td>N5000</td></tr>
</table>

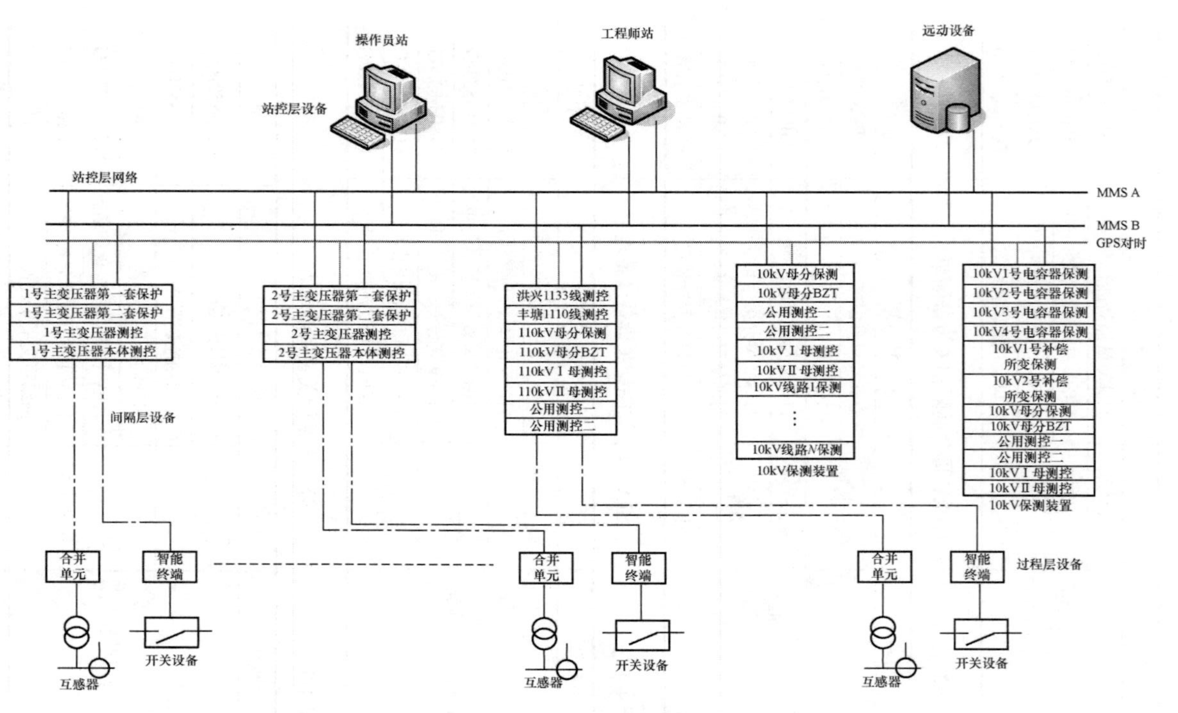

图4-2 110kV智能变电站（模型）网络结构图

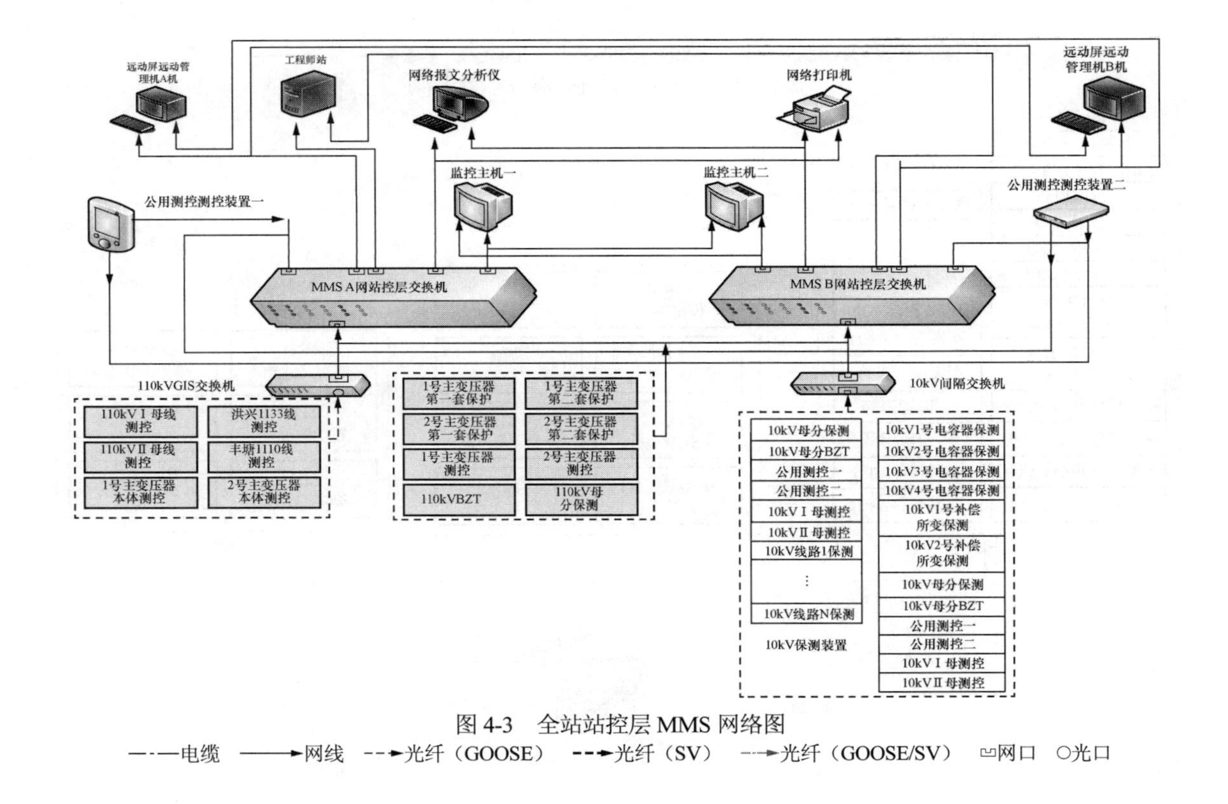

图 4-3　全站站控层 MMS 网络图

—·—电缆　——▸网线　--▸光纤（GOOSE）　--▸光纤（SV）　--▸光纤（GOOSE/SV）　网口　○光口

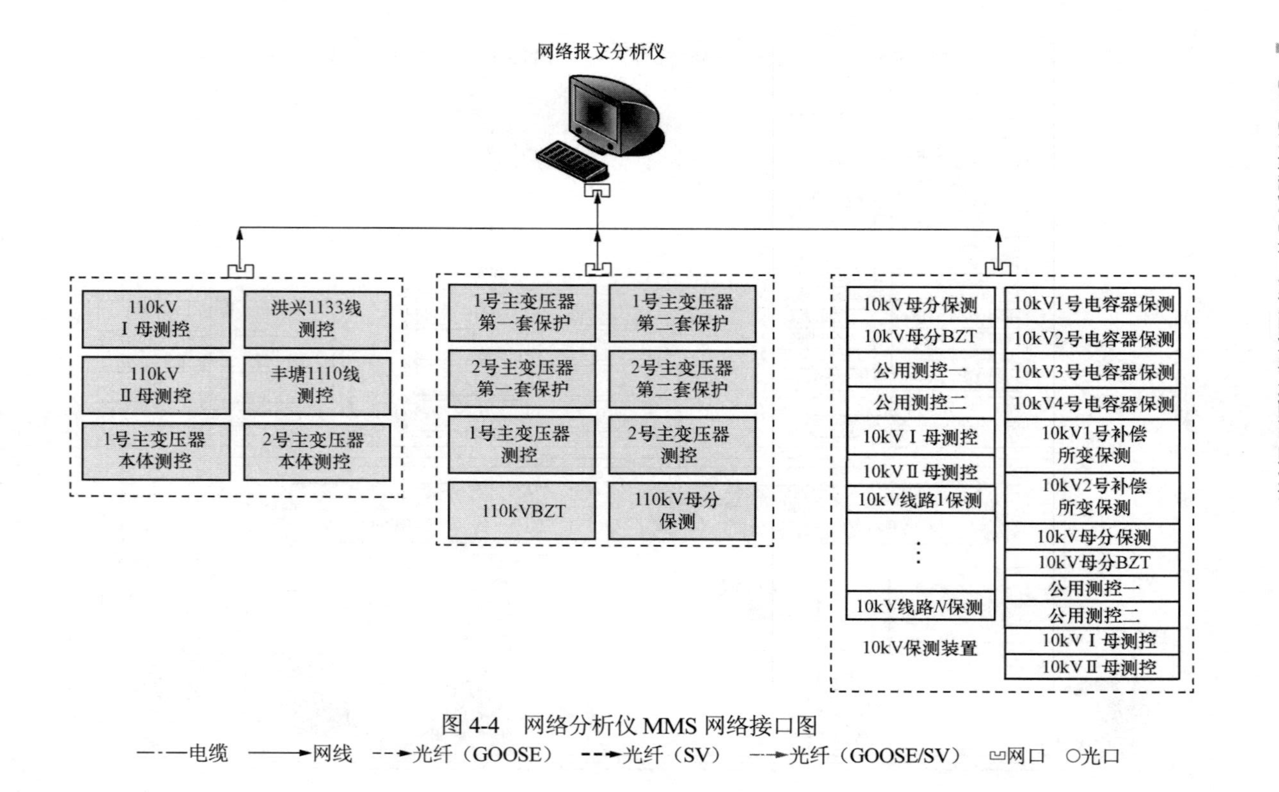

图 4-4 网络分析仪 MMS 网络接口图

—·—电缆 ——▸网线 - - -▸光纤（GOOSE） ---▸光纤（SV） —·▸光纤（GOOSE/SV） 网口 ○光口

第二节 异常分析及处理

110kV 智能变电站二次系统在运行中常见异常同样可分为装置异常、装置故障和 SV（GOOSE）链路中断三种。

目前 110kV 智能变电站遵循简单实用的原则，SV、GOOSE 均不组网，而是采用点对点直连。SV 或 GOOSE 链路中断造成原因主要有：光口本身故障；接口松动；光纤断线等。

相对而言，一般异常告警对装置运行影响较小，这类告警发生时，调控值班员无需紧急停役装置进行处理，通常情况可根据缺陷流程安排消缺，因此我们在以下章节不再展开。以下我们将结合信息流图，对其他异常所造成的影响进行详细分析。

一、信息流图

110kV 智能站主变压器保护双重化配置，独立组屏，保护回路完全独立。配置两套合并单元及一套智能终端。

110kV 智能变电站信息流图如图 4-5～图 4-7 所示。

注：（1）间隔保护装置、合并单元、智能终端、电能表“装置异常、闭锁”等异常信号均为硬接点信号通过电缆直接接入本间隔测控装置；

（2）本间隔测控装置“装置失电告警”信号为硬接点信号通过电缆直接接入 110kV 公用测控装置。

1．采样回路

洪兴 1133 线、110kV 母分、丰塘 1110 线 TA 通过电缆将本间隔电流量发送给本间隔合并单元。合并单元进行模数转换后，通过 SV 光纤以点对点的形式将电流量发送给主变压器保护装置、110kV 备自投装置。

主变压器中性点零序 TA 通过电缆将零序电流发送给本主变压器间隔本体合并单元。合并单元进行模数转换后，通过 SV 光纤以点对点的形式将电流量发送给主变压器保护装置。

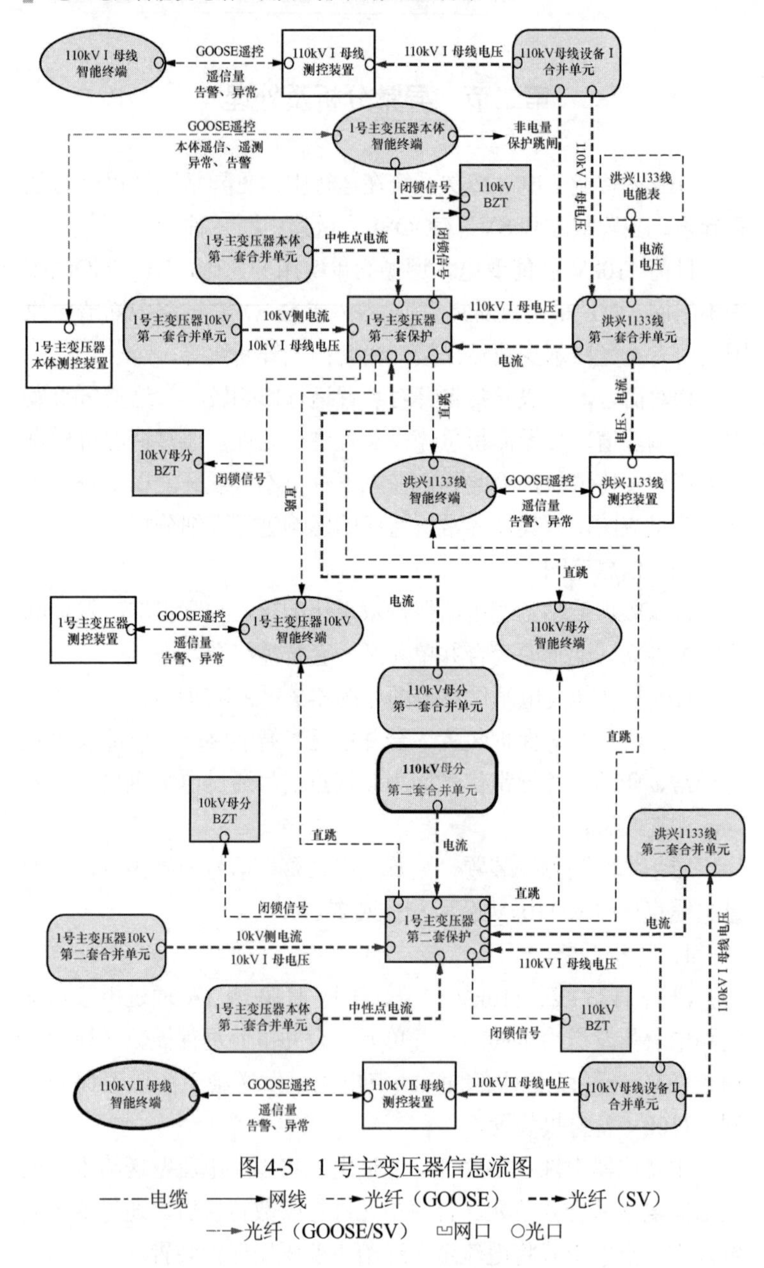

图 4-5　1 号主变压器信息流图

—·—电缆　——►网线　-- -►光纤（GOOSE）　---►光纤（SV）

-·-►光纤（GOOSE/SV）　凹网口　○光口

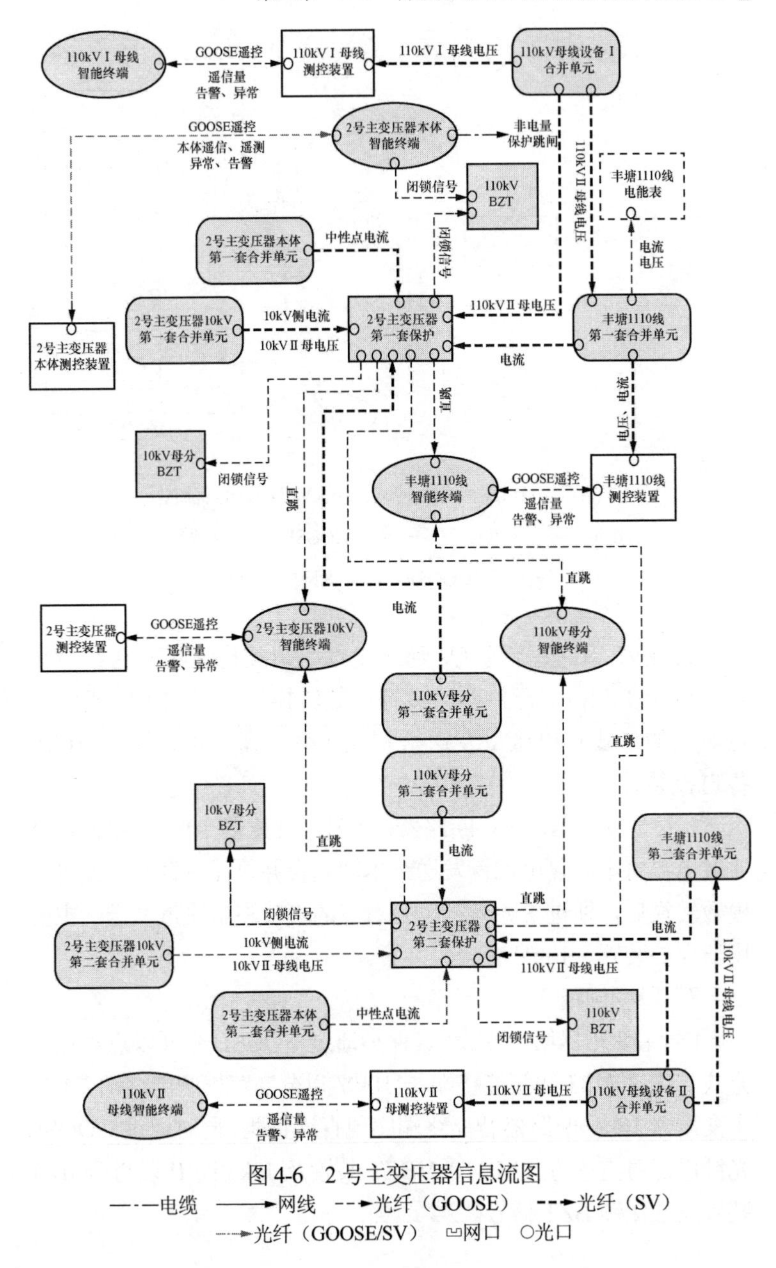

图 4-6　2 号主变压器信息流图

—·—电缆　——▶网线　--▶光纤（GOOSE）　--▶光纤（SV）
⋯▶光纤（GOOSE/SV）　⊔网口　○光口

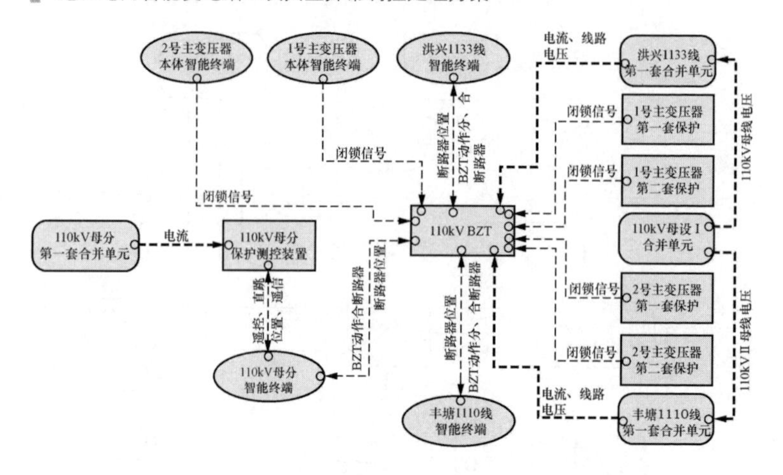

图 4-7　110kV 母分保护及 110kV BZT 信息流图

—·—电缆　——►网线　--►光纤（GOOSE）　--►光纤（SV）

--►光纤（GOOSE/SV）　网口　○光口

110kVI、II 段母线 TV 通过电缆将母线电压量发送给母设合并单元 I（II）。合并单元进行模数转换后，通过 SV 光纤以点对点的形式将电压量发送给相应主变压器保护装置、110kV 备自投装置。

1 号主变压器 10kV 断路器，2 号主变压器 10kV 断路器 TA 通过电缆将本间隔电流量发送给本间隔合并单元。合并单元进行模数转换后，通过 SV 光纤以点对点的形式将电流量发送给主变压器保护装置、10kV 备自投装置。

2. 跳闸回路

1 号主变压器第一（二）套保护通过 GOOSE 光纤以点对点的方式与洪兴 1133 线智能终端、110kV 母分断路器智能终端、1 号主变压器 10kV 断路器智能终端实现直连直跳。同时通过 GOOSE 光纤以点对点的方式向 110kVBZT 装置及 10kVI、II 段母分 BZT 装置发送闭锁 BZT 信号。

110kVBZT 装置通过 GOOSE 光纤以点对点的方式与洪兴 1133 线智能终端、110kV 母分断路器智能终端、丰塘 1110 线智能终端实现直连直跳。

3. 信息交互

洪兴 1133 线智能终端通过 GOOSE 光纤以点对点的形式将事故总、控制回路断线、位置信号、开入量及告警信号等发送给洪兴 1133 线测控装置。再由测控装置将收到的信号通过 110kV 间隔层交换机转发给后台和远动。

洪兴 1133 线第一套合并单元通过 SV 光纤以点对点的方式将测量电流发送给洪兴 1133 线测控装置、主变压器第一套保护装置、110kVBZT 装置。

洪兴 1133 线智能终端以 GOOSE 光纤点对点的形式收到来自洪兴 1133 线测控装置发出的遥控出口信息，通过二次电缆和一次设备直接相连，实现遥控分合闸出口。

主变压器本体智能终端将主变压器隔离开关位置、本体油温告警、对时异常、CPU 及 GOOSE 告警信息、本体保护信息、主变压器分接头及主变压器温度通过 GOOSE 光纤直接发送给主变压器测控装置。再由测控装置将收到的信号通过 110kV 间隔层交换机转发给后台和远动。

主变压器本体智能终端收到主变压器测控下发的遥控操作指令，通过二次电缆实现主变压器 110kV 隔离开关、110kV 主变压器接地开关、110kV 中性点接地开关及冷却器遥控。

二、常见异常及影响分析

1. 链路中断

（1）110kV 线路合并单元 SV 链路中断。

110kV 线路合并单元 SV 链路中断现象、信号及重要影响如表 4-6 和表 4-7 所示。

表 4-6　洪兴 1133 线合并单元 SV 链路中断现象及信号列表

装置	间隔	现　象	信号
第一套合并单元	110kVBZT	备自投装置“报警”灯亮 SV 链路图中该链路信号灯变红	110kV 备自投装置异常或故障
	1 号主变压器第一套保护	1 号主变压器第一套保护装置“报警”灯亮 1 号主变压器第一套保护装置液晶显示相关报文 SV 链路图中该链路信号灯变红	1 号主变压器第一套保护洪兴 1133 线 CT 断线
第二套合并单元	1 号主变压器第二套保护	1 号主变压器第二套保护装置“报警”灯亮 1 号主变压器第二套保护装置液晶显示相关报文 SV 链路图中该链路信号灯变红	1 号主变压器第二套保护洪兴 1133 线 TA 断线

表 4-7　110kV 线路合并单元 SV 链路中断重要影响列表

装置	间隔	重　要　影　响
第一套合并单元	110kV BZT	110kVBZT 装置无法出口跳闸
	1 号主变压器第一套保护	1 号主变压器第一套保护、高后备保护无法出口跳闸
第二套合并单元	1 号主变压器第二套保护	1 号主变压器第二套保护、高后备保护无法出口跳闸

注　丰塘 1110 线合并单元 SV 链路中断现象、信号及影响类似于洪兴 1133 线。

（2）110kV 母分断路器合并单元 SV 链路中断。

110kV 母分断路器合并单元 SV 链路中断现象、信号及重要影响如表 4-8 和表 4-9 所示。

表 4-8 110kV 母分断路器合并单元 SV 链路中断现象及信号列表

装置	间隔	现　象	信号
第一套合并单元	110kV 母分保护	110kV 母分保护装置“报警”灯亮 110kV 母分保护装置液晶显示相关报文 SV 链路图中该链路信号灯变红	110kV 母分保护装置异常或故障

续表

装置	间隔	现　象	信号
第一套合并单元	1号主变压器第一套保护	1号主变压器第一套保护装置“报警”灯亮 1号主变压器第一套保护装置液晶显示相关报文 SV链路图中该链路信号灯变红	1号主变压器第一套保护110kV母分TA断线
第二套合并单元	1号主变压器第二套保护	1号主变压器第二套保护装置“报警”灯亮 1号主变压器第二套保护装置液晶显示相关报文 SV链路图中该链路信号灯变红	1号主变压器第二套保护110kV母分TA断线

表4-9　110kV母分断路器合并单元SV链路中断重要影响列表

装置	间隔	重　要　影　响
第一套合并单元	110kV母分保护	110kV母分保护（投入时）无法出口跳闸
	1号主变压器第一套保护	1号主变压器第一套保护、高后备保护无法出口跳闸
第二套合并单元	1号主变压器第二套保护	1号主变压器第二套保护、高后备保护无法出口跳闸

注　110kV母分开关合并单元与2号主变压器第一、二套保护装置链路中断现象、信号及影响同1号主变压器。

（3）110kV母设合并单元SV链路中断。

110kV母设合并单元SV链路中断现象、信号及重要影响如表4-10和表4-11所示。

表4-10　110kV母设第一套合并单元ISV链路中断现象及信号列表

装置	间隔	现　象	信号
合并单元	1号主变压器第一套保护	1号主变压器第一套保护装置“报警”灯亮 1号主变压器第一套保护装置液晶显示相关报文 SV链路图中该链路信号灯变红	1号主变压器第一套保护110kVTV断线

续表

装置	间隔	现　象	信号
合并单元	1号主变压器第二套保护	1 号主变压器第二套保护装置“报警”灯亮 1 号主变压器第二套保护装置液晶显示相关报文 SV 链路图中该链路信号灯变红	1 号主变压器第二套保护 110kVTV 断线

表 4-11　110kV 母设第一套合并单元 SV 链路中断重要影响列表

装置	间隔	重 要 影 响
第一套合并单元	1 号主变压器第一套保护	1 号主变压器第一套保护、高后备保护复压闭锁开放
	1 号主变压器第二套保护	1 号主变压器第二套保护、高后备保护复压闭锁开放

注　110kV 母设第二套合并单元同第一套合并单元。

（4）主变压器 10kV 断路器合并单元 SV 链路中断。

主变压器 10kV 断路器合并单元 SV 链路中断现象、信号及重要影响如表 4-12 和表 4-13 所示。

表 4-12　　1 号主变压器 10kV 断路器合并单元 SV 链路中断现象及信号列表

装置	间隔	现　象	信号
第一套合并单元	1 号主变压器第一套保护	1 号主变压器第一套保护装置“报警”灯亮 1 号主变压器第一套保护液晶显示相关报文 SV 链路图中该链路信号灯变红	1 号主变压器第一套保护 10kV 侧 CT 断线
第二套合并单元	1 号主变压器第二套保护	1 号主变压器第二套保护装置“报警”灯亮 1 号主变压器第二套保护液晶显示相关报文 SV 链路图中该链路信号灯变红	1 号主变压器第二套保护 110kV 母分 CT 断线

表 4-13　1 号主变压器 10kV 断路器合并单元 SV 链路中断重要影响列表

装置	间隔	重要影响
第一套合并单元	1 号主变压器第一套保护	1 号主变压器第一套保护、低后备保护无法出口跳闸
第二套合并单元	1 号主变压器第二套保护	1 号主变压器第二套保护、低后备保护无法出口跳闸

注　2 号主变压器 10kV 开关合并单元 SV 链路中断类同 1 号主变压器。

（5）主变压器本体合并单元 SV 链路中断。

主变压器本体合并单元 SV 链路中断现象、信号及重要影响如表 4-14 和表 4-15 所示。

表 4-14　1 号主变压器本体合并单元 SV 链路中断现象及信号列表

装置	间隔	现象	信号
第一套合并单元	1 号主变压器第一套保护	1 号主变压器第一套保护装置“报警”灯亮 1 号主变压器第一套保护装置液晶显示相关报文 SV 链路图中该链路信号灯变红	1 号主变压器本体第一套合并单元装置异常
第二套合并单元	1 号主变压器第二套保护	1 号主变压器第二套保护装置“报警”灯亮 1 号主变压器第二套保护装置液晶显示相关报文 SV 链路图中该链路信号灯变红	1 号主变压器本体第二套合并单元装置异常

表 4-15　1 号主变压器本体合并单元 SV 链路中断重要影响列表

装置	间隔	重要影响
第一套合并单元	1 号主变压器第一套保护	1 号主变压器第一套保护零序电流无法采集
第二套合并单元	1 号主变压器第二套保护	1 号主变压器第二套保护零序电流无法采集

注　2 号主变压器本体合并单元 SV 链路中断类同 1 号主变压器。

（6）110kVBZT 装置 GOOSE 链路中断。

110kVBZT 装置 GOOSE 链路中断现象、信号及重要影响如表 4-16 和表 4-17 所示。

表 4-16　110kVBZT 装置 GOOSE 链路中断现象及信号列表

装置	间隔	现　象	信号
110kV BZT 装置	洪兴 1133 智能终端	洪兴 1133 线智能终端“GOOSE 告警”灯亮 洪兴 1133 线智能终端“告警”灯亮 GOOSE 链路图中该链路信号灯变红	洪兴 1133 线智能终端 GOOSE 总告警
	110kV 母分智能终端	110kV 母分智能终端“GOOSE 告警”灯亮 110kV 母分智能终端“告警”灯亮 GOOSE 链路图中该链路信号灯变红	110kV 母分智能终端 GOOSE 总告警
	1 号主变压器保护	110kVBZT 装置“报警”灯亮 110kVBZT 装置液晶显示相关报文 GOOSE 链路图中该链路信号灯变红	110kV 备自投装置异常或故障
	1 号主变压器本体智能终端	110kVBZT 装置“报警”灯亮 110kVBZT 装置液晶显示相关报文 GOOSE 链路图中该链路信号灯变红	110kV 备自投装置异常或故障

表 4-17　110kVBZT 装置 GOOSE 链路中断重要影响列表

装置	间隔	重　要　影　响
110kV BZT 装置	洪兴 1133 线智能终端	110kVBZT 无法正确出口分合洪兴 1133 线
	110kV 母分智能终端	110kVBZT 无法正确出口分合 110kV 母分断路器
	1 号主变压器保护	110kVBZT 无法收到闭锁信号
	1 号主变压器智能终端	110kVBZT 无法收到闭锁信号

注　110kVBZT 装置与丰塘 1110 线智能终端 GOOSE 链路中断现象、信号及重要影响同洪兴 1133 线；与 2 号主变压器第一、二套保护、智能终端 GOOSE 链路中断现象、信号及重要影响同 1 号主变压器。

（7）110kV 母分智能终端 GOOSE 链路中断。

110kV 母分智能终端 GOOSE 链路中断现象、信号及重要影响如表 4-18 和表 4-19 所示。

表 4-18　110kV 母分智能终端 GOOSE 链路中断现象及信号列表

装置	间隔	现　象	信号
110kV 母分智能终端	110kV 母分保测装置	110kV 母分智能终端“GOOSE 告警”灯亮 110kV 母分智能终端“告警”灯亮 110kV 母分保测装置“报警”、“通信异常灯亮 110kV 母分保测装置液晶显示相关报文 GOOSE 链路图中该链路信号灯变红	110kV 母分智能终端 GOOSE 总告警 110kV 母分保护装置异常或故障
	110kV BZT	参见 110kVBZT 装置 GOOSE 链路中断部分	

表 4-19　110kV 母分智能终端 GOOSE 链路中断重要影响列表

装置	间隔	重　要　影　响
110kV 母分智能终端	110kV 母分保测装置	110kV 母分保护无法正确动作 无法实现 110kV 母分断路器、隔离开关远方遥控操作 110kV 母分间隔断路器、隔离开关位置等遥信无法上传 110kV 母分智能终端异常等遥信无法上传

（8）主变压器保护装置 GOOSE 链路中断。

主变压器保护装置 GOOSE 链路中断现象、信号及重要影响如表 4-20 和表 4-21 所示。

表 4-20　1 号主变压器保护装置 GOOSE 链路中断现象及信号列表

装置	间隔	现　象	信号
1 号主变压器保护装置	洪兴 1133 智能终端	洪兴 1133 线智能终端“GOOSE 告警”灯亮 洪兴 1133 线智能终端“告警”灯亮 GOOSE 链路图中该链路信号灯变红	洪兴 1133 线智能终端 GOOSE 总告警
	110kV 母分智能终端	110kV 母分智能终端“GOOSE 告警”灯亮 110kV 母分智能终端“告警”灯亮 GOOSE 链路图中该链路信号灯变红	110kV 母分智能终端 GOOSE 总告警
	1 号主变压器 10kV 智能终端	1 号主变压器 10kV 智能终端“GOOSE 告警”灯亮 1 号主变压器 10kV 智能终端“告警”灯亮 GOOSE 链路图中该链路信号灯变红	10kV 智能终端 GOOSE 告警通信异常
	110kVBZT	参见 110kVBZT 装置 GOOSE 链路中断部分	

表 4-21 1 号主变压器保护装置 GOOSE 链路中断重要影响列表

装置	间隔	重要影响
1 号主变压器保护装置	洪兴 1133 线智能终端	1 号主变压器保护无法正确出口跳开洪兴 1133 线断路器
	110kV 母分智能终端	1 号主变压器保护无法正确出口跳开 110kV 母分断路器
	1 号主变压器 10kV 智能终端	1 号主变压器保护无法正确出口跳开 1 号主变压器 10kV 断路器

注 2 号主变压器保护装置 GOOSE 链路中断现象、信号及重要影响同 1 号主变压器。

（9）110kV 母设测控装置 GOOSE 链路中断。

110kV 母设测控装置 GOOSE 链路中断现象、信号及重要影响如表 4-22 和表 4-23 所示。

表 4-22 110kV 母设 I 测控装置 GOOSE 链路中断现象及信号列表

装置	间隔	现象	信号
110kV 母设 I 测控装置	110kVI 母智能终端	110kV 母设 I 测控装置上“通信异常”灯亮 110kV 母设 I 测控装置液晶显示相关报文 110kVI 母智能终端“GOOSE 告警”灯亮 110kVI 母智能终端“告警”灯亮 GOOSE 链路图中该链路信号灯变红	110kVI 母智能终端 GOOSE 总告警
	110kV 母设合并单元 I	110kV 母设 I 测控装置上“通信异常”灯亮 SV 链路图中该链路信号灯变红	110kV 母设第一套合并单元装置异常

表 4-23 110kV 母设 I 测控装置 GOOSE 链路中断重要影响列表

装置	间隔	重要影响
110kV 母设 I 测控装置	110kV I 母智能终端	110kVI 母线母设隔离开关位置无法上传 无法实现远方遥控操作 110kVI 母线母设隔离开关 110kVI 母线智能终端异常等遥信无法上传
110kV 母设 I 测控装置	110kV 母设合并单元 I	110kVI 母线电压量等遥测无法上传 110kVI 母线合并单元装置异常等遥信无法上传

注 110kV 母设Ⅱ测控装置 GOOSE 链路中断现象、信号及重要影响铜 110kV 母设 I 测控装置。

（10）主变压器测控装置 GOOSE/SV 链路中断。

主变压器测控装置 GOOSE/SV 链路中断现象、信号及重要影响如表 4-24 和表 4-25 所示。

表 4-24　1 号主变压器测控装置 GOOSE/SV 链路中断现象及信号列表

装置	间隔	现　象	信号
1 号主变压器测控装置	本体智能终端	1 号主变压器测控装置上“通信异常”灯亮 1 号主变压器测控装置液晶显示相关报文 1 号主变压器本体智能终端“告警”灯亮 GOOSE 链路图中该链路信号灯变红	本体智能终端 GOOSE 总告警
	1 号主变压器 10kV 智能终端	1 号主变压器测控装置上“通信异常”灯亮 1 号主变压器测控装置液晶显示相关报文 1 号主变压器 10kV 断路器智能终端“GOOSE 告警”灯亮 1 号主变压器 10kV 断路器智能终端“告警”灯亮 GOOSE 链路图中该链路信号灯变红	10kV 智能终端 GOOSE 总告警
	本体合并单元	1 号主变压器测控装置“通信异常”、“CT 断线”灯亮 1 号主变压器测控装置液晶显示相关报文 SV 链路图中该链路信号灯变红	1 号主变压器本体合并单元装置故障

表 4-25　1 号主变压器测控装置 GOOSE/SV 链路中断重要影响列表

装置	间隔	重 要 影 响
1 号主变压器测控装置	本体智能终端	1 号主变压器 110kV 隔离开关、中性点接地开关位置无法上传 无法实现远方遥控操作 1 号主变压器 110kV 隔离开关、中性点接地开关 本体智能终端异常等遥信无法上传
	1 号主变压器 10kV 智能终端	1 号主变压器 10kV 断路器、手车位置无法上传 无法实现远方遥控操作 1 号主变压器 10kV 断路器 1 号主变压器 10kV 智能终端异常等遥信无法上传

续表

装置	间隔	重要影响
1号主变压器测控装置	本体合并单元	1号主变压器零序电流量等遥测无法上传 本体合并单元装置异常等遥信无法上传

注 2号主变压器测控装置GOOSE、SV链路中断现象、信号及重要影响同1号主变压器。

（11）110kV线路测控装置GOOSE/SV链路中断。

110kV线路测控装置GOOSE/SV链路中断现象、信号及重要影响如表4-26和表4-27所示。

表4-26 洪兴1133线测控装置GOOSE/SV链路中断现象及信号列表

装置	间隔	现象	信号
广成1526线测控装置	智能终端	洪兴1133线测控装置上“通信异常”灯亮 洪兴1133线测控装置液晶显示相关报文 洪兴1133线智能终端“GOOSE告警”灯亮 洪兴1133线智能终端“告警”灯亮 GOOSE链路图中该链路信号灯变红	洪兴1133线智能终端GOOSE总告警
	第一套合并单元	洪兴1133线测控装置上“通信异常”灯亮 洪兴1133线测控装置液晶显示相关报文 GOOSE链路图中该链路信号灯变红	洪兴1133线第一套合并单元装置异常

表4-27 洪兴1133线测控装置GOOSE/SV链路中断重要影响列表

装置	间隔	重要影响
广成1526线测控装置	智能终端	洪兴1133线隔离开关、断路器位置无法上传 无法实现远方遥控操作洪兴1133线隔离开关、断路器位置 洪兴1133线智能终端异常等遥信无法上传
	第一套合并单元	洪兴1133线电流量等遥测量无法上传 1号主变压器10kV智能终端异常等遥信无法上传

注 丰塘1110线测控装置GOOSE、SV链路中断现象、信号及重要影响同洪兴1133线。

2. 装置故障

（1）保护装置。

主变压器保护装置故障现象、信号及重要影响如表 4-28 和表 4-29 所示。

表 4-28　　保护装置故障现象及信号列表

装置		现　　象	信号
1 号主变压器第一套	电源故障	第一套保护装置面板信号灯熄灭 洪兴 1133 线智能终端“GOOSE 告警”灯亮 洪兴 1133 线智能终端“告警”灯亮 1 号主变压器 110kV 智能终端“GOOSE 告警”灯亮 1 号主变压器 110kV 智能终端“告警”灯亮 1 号主变压器 10kV 智能终端“GOOSE 告警”灯亮 1 号主变压器 10kV 智能终端“告警”灯亮 110kV 母分智能终端“GOOSE 告警”灯亮 110kV 母分智能终端“告警”灯亮 GOOSE 链路图中该链路信号灯变红	主变压器第一套保护装置异常或故障 洪兴 1133 线智能终端 GOOSE 总告警 110kV 母分智能终端 GOOSE 总告警 1 号主变压器 10kV 断路器智能终端 GOOSE 总告警
	插件故障	第一套保护装置“报警”灯亮 第一套保护装置液晶面板显示相应报文	主变压器第一套保护装置异常或故障
1 号主变压器第二套	电源故障	第二套保护装置面板信号灯熄灭 洪兴 1133 线智能终端“GOOSE 告警”灯亮 洪兴 1133 线智能终端“告警”灯亮 1 号主变压器 110kV 智能终端“GOOSE 告警”灯亮 1 号主变压器 110kV 智能终端“告警”灯亮 1 号主变压器 10kV 智能终端“GOOSE 告警”灯亮 1 号主变压器 10kV 智能终端“告警”灯亮 110kV 母分智能终端“GOOSE 告警”灯亮 110kV 母分智能终端“告警”灯亮 GOOSE 链路图中该链路信号灯变红	主变压器第二套保护装置异常或故障 洪兴 1133 线智能终端 GOOSE 总告警 110kV 母分智能终端 GOOSE 总告警 1 号主变压器 10kV 断路器智能终端 GOOSE 总告警

续表

装置		现　象	信号
1号主变压器第二套	插件故障	第二套保护装置"报警"灯亮 第二套保护装置液晶面板显示相应报文	主变压器第一套保护装置异常或故障
110kV母分	电源故障	110kV母分保护装置面板信号灯熄灭 110kV母分智能终端"GOOSE告警"灯亮 110kV母分智能终端"告警"灯亮 GOOSE链路图中该链路信号灯变红	110kV母分智能终端GOOSE总告警
	插件故障	110kV母分保护装置"报警"灯亮 110kV母分保护装置液晶面板显示相应报文	110kV母分保护装置异常或故障

表4-29　　保护装置故障重要影响列表

装置	重　要　影　响
第一套	主变压器第一套保护无法动作出口
第二套	主变压器第二套保护无法动作出口
同时闭锁	若两套保护装置同时闭锁，则主变压器差动及后备保护失去，需停役处理
母分保护	母分保护无法动作出口

（2）110kVBZT装置。

110kVBZT装置故障现象、信号及重要影响如表4-30和表4-31所示。

表4-30　　110kVBZT装置故障现象及信号列表

装置		现　象	信号
110kV BZT	电源故障	110kVBZT装置面板信号灯熄灭 洪兴1133线智能终端"GOOSE告警"灯亮 洪兴1133线智能终端"告警"灯亮 丰塘1110线智能终端"GOOSE告警"灯亮	洪兴1133线智能终端GOOSE总告警 丰塘1110线智能终端GOOSE总告警

续表

装置		现　　象	信号
110kV BZT	电源故障	丰塘1110线智能终端"告警"灯亮 110kV母分智能终端"GOOSE告警"灯亮 110kV母分智能终端"告警"灯亮 GOOSE链路图中该链路信号灯变红	110kV 母分智能终端GOOSE总告警
	插件故障	110kVBZT装置"报警"灯亮 110kVBZT 装置液晶面板显示相应报文	110kVBZT保护装置异常或故障

表4-31　　110kVBZT装置故障重要影响列表

装置	重　要　影　响
110kVBZT	110kV备自投无法动作出口

（3）合并单元。

合并单元故障现象、信号及重要影响如表4-32～表4-39所示。

表4-32　　洪兴1133线合并单元故障现象及信号列表

装置		现　　象	信号
第一套	电源故障	第一套合并单元面板信号灯熄灭 主变压器第一套保护装置"报警"灯亮 主变压器第一套保护液晶显示相关报文 110kVBZT装置"报警"灯亮 110kVBZT 装置液晶面板显示相应报文 SV链路图该链路信号灯变红	洪兴1133线第一套合并单元故障 1号主变压器第一套保护洪兴1133线CT断线 110kV备自投装置异常或故障
	插件故障	第一套合并单元装置"装置故障"灯亮	洪兴1133线第一套合并单元装置异常

续表

装置		现　　象	信号
第二套	电源故障	第二套合并单元面板信号灯熄灭 主变压器第二套保护装置“报警”灯亮 主变压器第二套保护液晶显示相关报文 SV链路图该链路信号灯变红	洪兴1133线第二套合并单元故障 1号主变压器第二套保护洪兴1133线CT断线
	插件故障	第二套合并单元装置“装置故障”灯亮	洪兴1133线第二套合并单元装置异常

表4-33　　洪兴1133线合并单元故障重要影响列表

装置	重　要　影　响
第一套	主变压器第一套保护无法采集洪兴1133线电流，主变压器差动及高后备失去作用 110kVBZT装置无法采集洪兴1133线电流，备自投失去作用
第二套	主变压器第二套保护无法采集洪兴1133线电流，主变压器差动及高后备失去作用
同时闭锁	主变压器两套差动保护及高后备均失去，备自投失去作用，洪兴1133线间隔需停役

注　丰塘1110线合并单元故障现象、信号及影响类似于洪兴1133线。

表4-34　　110kV母分合并单元故障现象及信号列表

装置		现　　象	信号
第一套	电源故障	第一套合并单元面板信号灯熄灭 主变压器第一套保护装置“报警”灯亮 主变压器第一套保护液晶显示相关报文 110kV母分保护装置“报警”灯亮 110kV母分保护装置液晶面板显示相应报文 SV链路图该链路信号灯变红	110kV母分第一套合并单元故障 1号主变压器第一套保护110kV母分TA断线 110kV母分保护装置异常或故障
	插件故障	第一套合并单元装置“装置故障”灯亮	110kV母分第一套合并单元装置异常

续表

装置		现　　象	信号
第二套	电源故障	第二套合并单元面板信号灯熄灭 主变压器第二套保护装置“报警”灯亮 主变压器第二套保护液晶显示相关报文 SV 链路图该链路信号灯变红	110kV 母分第二套合并单元故障 1 号主变压器第二套保护 110kV 母分 TA 断线
	插件故障	第二套合并单元装置“装置故障”灯亮	110kV 母分第二套合并单元装置异常

表 4-35　　110kV 母分合并单元故障重要影响列表

装置	重　要　影　响
第一套	主变压器第一套保护无法采集 110kV 母分电流，主变压器差动及高后备失去作用 110kV 母分保护装置无法采集 110kV 母分电流，母分保护失去作用
第二套	主变压器第二套保护无法采集 110kV 母分电流，主变压器差动及高后备失去作用
同时闭锁	主变压器两套差动保护及高后备均失去，母分保护失去作用，110kV 母分间隔需停役

表 4-36　1 号主变压器 10kV 断路器合并单元故障现象及信号列表

装置		现　　象	信号
第一套	电源故障	第一套合并单元面板信号灯熄灭 主变压器第一套保护装置“报警”灯亮 主变压器第一套保护液晶显示相关报文 SV 链路图该链路信号灯变红	1 号主变压器 10kV 断路器第一套合并单元故障 1 号主变压器第一套保护 1 号主变压器 10kV 断路器 TA 断线
	插件故障	第一套合并单元装置“装置故障”灯亮	1 号主变压器 10kV 断路器第一套合并单元装置异常

续表

<table>
<tr><th colspan="2">装置</th><th>现　象</th><th>信号</th></tr>
<tr><td rowspan="2">第二套</td><td>电源故障</td><td>第二套合并单元面板信号灯熄灭
主变压器第二套保护装置“报警”灯亮
主变压器第二套保护液晶显示相关报文
SV链路图该链路信号灯变红</td><td>1号主变压器10kV断路器第二套合并单元故障
1号主变压器第二套保护1号主变压器10kV断路器TA断线</td></tr>
<tr><td>插件故障</td><td>第二套合并单元装置“装置故障”灯亮</td><td>1号主变压器10kV断路器第二套合并单元装置异常</td></tr>
</table>

表4-37　1号主变压器10kV断路器合并单元故障重要影响列表

装置	重要影响
第一套	主变压器第一套保护无法采集1号主变压器10kV断路器电流，主变压器差动及低后备失去作用
第二套	主变压器第二套保护无法采集1号主变压器10kV断路器电流，主变压器差动及低后备失去作用
同时闭锁	主变压器两套差动保护及高后备均失去，主变压器间隔需停役

表4-38　110kV母设合并单元故障现象及信号列表

<table>
<tr><th colspan="2">装置</th><th>现　象</th><th>信号</th></tr>
<tr><td>第一套</td><td>电源故障</td><td>第一套合并单元面板信号灯熄灭
110kV母设I测控装置上“通讯异常”灯亮
110kV母设I测控装置液晶面板显示相应报文
1号主变压器第一套保护装置“报警”灯亮
1号主变压器第一套保护装置液晶显示相关报文
2号主变压器第一套保护装置“报警”灯亮
2号主变压器第一套保护装置液晶显示相关报文
110kVBZT装置“报警”灯亮
110kVBZT装置液晶面板显示相应报文
SV链路图该链路信号灯变红</td><td>110kV母设第一套合并单元故障
1号主变压器第一套保护110kVPT断线
2号主变压器第一套保护110kVPT断线
110kV备自投装置异常或故障
110kVBZTPT断线</td></tr>
</table>

续表

装置		现　象	信号
第一套	插件故障	第一套合并单元装置“装置故障”灯亮	110kV 母设第一套合并单元装置异常
第二套	电源故障	第二套合并单元面板信号灯熄灭 110kV 母设Ⅱ测控装置上“通讯异常”灯亮 110kV 母设Ⅱ测控装置液晶面板显示相应报文 1 号主变压器第二套保护装置“报警”灯亮 1 号主变压器第二套保护装置液晶显示相关报文 2 号主变压器第二套保护装置“报警”灯亮 2 号主变压器第二套保护装置液晶显示相关报文 SV 链路图该链路信号灯变红	110kV 母设第二套合并单元故障 1 号主变压器第二套保护 110kVPT 断线 2 号主变压器第二套保护 110kVPT 断线
	插件故障	第二套合并单元装置“装置故障”灯亮	110kV 母设第二套合并单元装置异常

表 4-39　　110kV 母设合并单元故障重要影响列表

装置	重　要　影　响
第一套	1 号、2 号主变压器第一套保护复压闭锁开放，备自投失去作用
第二套	1 号、2 号主变压器第二套保护复压闭锁开放
同时闭锁	1 号、2 号主变压器两套保护复压闭锁均开放

（4）智能终端。

智能终端故障现象、信号及重要影响如表 4-40 和表 4-41 所示。

表 4-40　　智能终端故障现象及信号列表

装置		现　象	信号
广成 1526 线智能终端	电源故障	智能终端装置面板信号灯熄灭 110kVBZT 装置“报警”灯亮 110kVBZT 装置液晶面板显示相应报文 洪兴 1133 线测控装置上“通信异常”灯亮	洪兴 1133 线智能终端故障 110kV 备自投装置异常或故障

续表

<table>
<tr><th colspan="2">装置</th><th>现　　象</th><th>信号</th></tr>
<tr><td rowspan="2">广成
1526
线智能
终端</td><td>电源
故障</td><td>洪兴 1133 线测控装置液晶显示相关报文
GOOSE 链路图中该链路信号灯变红</td><td>110kVBZT 装置 PT 断线</td></tr>
<tr><td>插件
故障</td><td>智能终端装置“告警”灯亮</td><td>洪兴 1133 线智能终端装置异常</td></tr>
<tr><td rowspan="2">110kV
母分
断路器
智能终端</td><td>电源
故障</td><td>智能终端装置面板信号灯熄灭
110kVBZT 装置“报警”灯亮
110kVBZT 装置液晶面板显示相应报文
110kV 母分测控装置上“通信异常”灯亮
110kV 母分测控装置液晶显示相关报文
GOOSE 链路图中该链路信号灯变红</td><td>110kV 母分智能终端故障
110kV 备自投装置异常或故障
110kVBZT 装置 TV 断线</td></tr>
<tr><td>插件
故障</td><td>智能终端装置“告警”灯亮</td><td>110kV 母分智能终端装置异常</td></tr>
<tr><td rowspan="2">1 号主变
压器本体
智能终端</td><td>电源
故障</td><td>智能终端装置面板信号灯熄灭
1 号主变压器测控装置上“通信异常”灯亮
1 号主变压器测控装置液晶显示相关报文
GOOSE 链路图中该链路信号灯变红</td><td>1 号主变压器本体智能终端故障</td></tr>
<tr><td>插件
故障</td><td>智能终端装置“告警”灯亮</td><td>1 号主变压器本体智能终端装置异常</td></tr>
<tr><td rowspan="2">1 号主
变压器
10kV 智
能终端</td><td>电源
故障</td><td>智能终端装置面板信号灯熄灭
1 号主变压器测控装置上“通信异常”灯亮
1 号主变压器测控装置液晶显示相关报文
GOOSE 链路图中该链路信号灯变红</td><td>1 号主变压器 10kV 智能终端故障
10kV 备自投装置异常或闭锁</td></tr>
<tr><td>插件
故障</td><td>智能终端装置“告警”灯亮</td><td>1 号主变压器 10kV 智能终端装置异常</td></tr>
<tr><td rowspan="2">110kV
母设 I
智能
终端</td><td>电源
故障</td><td>智能终端装置面板信号灯熄灭
110kV 母设测控装置上“通信异常”灯亮
110kV 母设测控装置液晶显示相关报文
GOOSE 链路图中该链路信号灯变红</td><td>110kV 母设 I 智能终端故障</td></tr>
<tr><td>插件
故障</td><td>智能终端装置“告警”灯亮</td><td>110kV 母设 I 智能终端装置异常</td></tr>
</table>

表4-41　　智能终端故障重要影响列表

装置	重要影响
广成1526线	1号主变压器保护跳洪兴1133线无法正确出口 洪兴1133线隔离开关、断路器位置无法上传 无法实现远方遥控操作洪兴1133线隔离开关、断路器位置 洪兴1133线智能终端异常等遥信无法上传 110kVBZT分合洪兴1133线均无法正确出口
110kV母分断路器	110kV母分保护无法正确动作 无法实现110kV母分断路器、隔离开关远方遥控操作 110kV母分间隔断路器、隔离开关位置等遥信无法上传 110kV母分智能终端异常等遥信无法上传 1号、2号主变压器保护跳110kV母分断路器无法正确出口 110kVBZT合110kV母分断路器均无法正确出口
1号主变压器本体	1号主变压器110kV隔离开关、中性点接地开关位置无法上传 无法实现远方遥控操作1号主变压器110kV隔离开关、中性点接地开关 本体智能终端异常等遥无法上传 非电量保护无法正确出口
1号主变压器10kV	1号主变压器10kV断路器、手车位置无法上传 无法实现远方遥控操作1号主变压器10kV断路器 1号主变压器10kV智能终端异常等遥信无法上传 1号主变压器保护跳10kV断路器无法正确出口
110kV母设I	110kVI母线母设隔离开关位置无法上传 无法实现远方遥控操作110kVI母线母设隔离开关 110kVI母线智能终端异常等遥信无法上传

注　丰塘1110线智能终端故障现象、信号及重要影响同洪兴1133线；2号主变压器本体、10kV智能终端故障现象、信号及重要影响同1号主变压器；110kV母设II故障现象、信号及重要影响110kV母设I。

（5）测控装置。

测控装置故障现象、信号及重要影响如表4-42～表4-45所示。

表 4-42　　主变压器间隔测控装置故障现象及信号列表

装置		现　象	信号
测控装置	电源故障	测控装置面板信号灯熄灭 监控系统主变压器该侧间隔通信中断 第一套（本体）智能终端“运行异常”灯亮	第一套（本体）智能终端异常或故障 主变压器 220kV 测控装置异常 220kV 测控装置 MMS 网通信中断 主变压器 110kV 测控装置异常
测控装置	电源故障	第一套（本体）智能终端“GSE 通信异常 A”灯亮	110kV 测控装置 MMS 网通信中断 主变压器 35kV 测控装置异常 35kV 测控装置 MMS 网通信中断 主变压器本体测控装置异常 本体测控装置 MMS 网通信中断
	插件故障	测控装置“装置异常”灯亮 测控装置液晶显示相关报文	主变压器 220kV 测控装置异常 主变压器 110kV 测控装置异常 主变压器 35kV 测控装置异常 主变压器本体测控装置异常

表 4-43　　主变压器间隔测控装置故障重要影响列表

装置	重 要 影 响
测控装置	主变压器该侧间隔断路器、隔离开关、接地开关或主变压器挡位、中性点接地隔离开关无法遥控操作和远方复归 本间隔断路器机构、隔离开关机构位置及异常信号均无法上传后台及监控 本间隔第一套智能终端闭锁、第一套合并单元闭锁、第一套保护装置闭锁等信号均无法上传 本间隔遥测量均无法采集并上传

表 4-44　　线路间隔测控装置故障现象及信号列表

装置		现　象	信号
广成1526线测控装置	电源故障	测控装置面板信号灯熄灭 监控系统主变压器该侧间隔通信中断 洪兴1133线智能终端"GOOSE告警"灯亮 洪兴1133线智能终端"告警"灯亮 GOOSE链路图中该链路信号灯变红	洪兴1133线测控装置故障 洪兴1133线智能终端GOOSE总告警
	插件故障	测控装置"装置故障"灯亮	洪兴1133线装置异常
110kV母分断路器测控装置	电源故障	测控装置面板信号灯熄灭 监控系统主变压器该侧间隔通信中断 110kV母分断路器智能终端"GOOSE告警"灯亮 110kV母分断路器智能终端"告警"灯亮 GOOSE链路图中该链路信号灯变红	110kV母分测控装置故障 110kV母分智能终端GOOSE总告警
	插件故障	测控装置"装置故障"灯亮	110kV母分测控装置异常
1号主变压器测控装置	电源故障	测控装置面板信号灯熄灭 监控系统主变压器该侧间隔通信中断 1号主变压器10kV智能终端"GOOSE告警"灯亮 1号主变压器10kV智能终端"告警"灯亮 1号主变压器本体智能终端"GOOSE告警"灯亮 1号主变压器本体智能终端"告警"灯亮 GOOSE链路图中该链路信号灯变红	1号主变压器测控装置故障 1号主变压器10kV智能终端GOOSE总告警 1号主变压器本体智能终端GOOSE总告警
	插件故障	测控装置"装置故障"灯亮	1号主变压器测控装置异常

续表

装置		现象	信号
110kV母设I测控装置	电源故障	测控装置面板信号灯熄灭 监控系统主变压器该侧间隔通信中断 110kV 母设 I 智能终端“GOOSE 告警”灯亮 110kV 母设 I 智能终端“告警”灯亮 GOOSE 链路图中该链路信号灯变红	110kV 母设 I 测控装置故障 110kV 母设 I 智能终端 GOOSE 总告警
	插件故障	测控装置“装置故障”灯亮	110kV 母设 I 测控装置异常

表 4-45　　线路间隔测控装置故障重要影响列表

装置	重要影响
广成1526 线	洪兴 1133 线隔离开关、断路器位置无法上传 无法实现远方遥控操作洪兴 1133 线隔离开关、断路器位置 洪兴 1133 线智能终端异常等遥信无法上传
110kV母分断路器	无法实现 110kV 母分断路器、隔离开关远方遥控操作 110kV 母分间隔断路器、隔离开关位置等遥信无法上传 110kV 母分智能终端异常等遥信无法上传
1 号主变压器本体	1 号主变压器 110kV 隔离开关、中性点接地开关位置无法上传 无法实现远方遥控操作 1 号主变压器 110kV 隔离开关、中性点接地隔离开关 本体智能终端异常等遥信无法上传
110kV母设 I	1 号主变压器 10kV 断路器、手车位置无法上传 无法实现远方遥控操作 1 号主变压器 10kV 断路器 1 号主变压器 10kV 智能终端异常等遥信无法上传

三、调控处理

（1）当发生以下八种异常情况时：

1）1 号主变压器单套保护装置故障；

2）1 号主变压器单套保护装置与 110kV 洪兴 1133 线智能终端装置之间 GOOSE 链路中断；

3）1 号主变压器单套保护装置与 110kV 母分断路器智能终端

装置之间GOOSE链路中断；

4）1号主变压器单套保护装置与1号主变压器10kV智能终端装置之间GOOSE链路中断；

5）1号主变压器单套保护装置与110kV洪兴1133线合并单元之间SV链路中断；

6）1号主变压器单套保护装置与110kV母分断路器合并单元之间SV链路中断；

7）1号主变压器单套保护装置与1号主变压器10kV合并单元装置之间SV链路中断；

8）1号主变压器10kV单套合并单元装置故障。

根据异常分析，此时仅影响1号主变压器单套保护出口，运维人员根据现场运行规程重启相应设备，若重启无效，调控值班员发令将故障的保护改信号，并通知检修人员进行处理（具体安措由现场提出）。

调度令：1号主变压器第一（二）套保护由跳闸改为信号

（2）当发生以下异常情况时：

两套主变压器保护装置故障。根据异常分析，此时主变压器两套保护均已失去作用。运维人员根据现场规程重启保护装置，若重启无效，值班调控员视电网实际运行情况，具备条件的可立即停役该主变压器。并根据现场运维人员所提出的要求，停用相应受影响保护装置，通知检修人员进行处理（具体安措由现场提出）。

调度令：9-1 1号主变压器第一套保护由跳闸改为信号
9-2 1号主变压器第二套保护由跳闸改为信号
9-3 1号主变压器10kV开关由运行改为热备用
9-4 110kVBZT由跳闸改为信号
9-4 丰塘1110线由热备用改为运行（合环）

9-5　洪兴 1133 线由运行改为热备用（解环）
9-6　110kV 母分开关由运行改为热备用
9-7　拉开 1 号主变压器 110kV 隔离开关
9-8　110kV 母分开关由热备用改为运行
9-9　110kVBZT 由信号改为跳闸

（3）当发生以下三种异常情况时：

1）两套主变压器保护装置与 1 号主变压器 10kV 合并单元之间 SV 链路中断；

2）两套主变压器保护装置与 1 号主变压器 10kV 智能终端装置之间 GOOSE 链路中断；

3）1 号主变压器 10kV 两套合并单元均故障；

4）1 号主变压器 10kV 智能终端故障。

根据异常分析，运维人员根据现场运行规程重启相应设备，若重启无效，主变压器 10kV 间隔需停役处理（注意 10kV 侧方式调整），并通知检修人员进行处理（具体安措由现场提出）。

调度令：1 号主变压器 10kV 开关由运行改为开关检修

（4）当发生以下三种异常情况时：

1）两套主变压器保护装置与 110kV 洪兴 1133 线智能终端装置之间 GOOSE 链路中断；

2）两套主变压器保护装置与 110kV 洪兴 1133 线合并单元之间 SV 链路中断；

3）110kV 洪兴 1133 线两套合并单元均故障；

4）110kV 洪兴 1133 线智能终端故障。

根据异常分析，运维人员根据现场运行规程重启相应设备，若重启无效，洪兴 1133 线间隔需停役处理，因此调控值班员发令停役洪兴 1133 线间隔，通知检修人员进行处理。（具体安措由现场提出）

调度令：3-1 110kVBZT由跳闸改为信号
3-2 丰塘1110线由热备用改为运行（合环）
3-3 洪兴1133线由运行改为开关检修（解环）

（5）当发生以下四种异常情况时：

1）两套主变压器保护装置与110kV母分断路器智能终端装置之间GOOSE链路中断；

2）两套主变压器保护装置与110kV母分断路器合并单元之间SV链路中断；

3）110kV母分断路器两套合并单元均故障；

4）110kV母分断路器智能终端故障。

根据异常分析，运维人员根据现场运行规程重启相应设备，若重启无效，110kV母分断路器间隔需停役处理，因此调控值班员发令拉停洪兴1133线间隔，通知检修人员进行处理。

调度令：3-1 110kVBZT由跳闸改为信号
3-2 丰塘1110线由热备用改为运行（合环）
3-3 110kV母分开关由运行改为开关检修（解环）

（6）当发生以下三种异常情况时：

1）110kV备自投装置故障；

2）110kV备自投装置与110kV母分、110kV线路智能终端装置之间GOOSE链路中断；

3）110kV备自投装置与110kV母设、110kV线路第一套合并单元之间SV链路中断。

根据异常分析，此时会影响备自投装置出口（或正确动作），运维人员根据现场运行规程重启相应设备，若重启无效，调控值班员发令将故障的备自投装置改信号，并通知检修人员进行处理，此时可根据实际网架情况将110kV全站改为分列运行提高供电可靠性。

调度令：110kVBZT 由跳闸改为信号

（7）当发生以下异常情况时：

洪兴 1133 线第一套合并单元故障。当 110kV 进线（洪兴 1133 线）第一套合并单元故障时，对应主变压器保护装置闭锁，110kV 备自投装置也无法正确动作，运维人员根据现场运行规程重启相应设备，若重启无效，调控值班员根据现场运维人员提出要求停用相应受影响保护装置后，通知检修人员进行处理（具体安措由现场提出）。

调度令：2-1　1 号主变压器第一套保护由跳闸改为信号
2-2　110kVBZT 由跳闸改为信号

（8）当发生以下异常情况时：

洪兴 1133 线第二套合并单元故障。当 110kV 进线（洪兴 1133 线）第二套合并单元故障时，对应主变压器保护装置闭锁，运维人员根据现场运行规程重启相应设备，若重启无效，调控值班员根据现场运维人员提出要求停用相应受影响保护装置，通知检修人员进行处理（具体安措由现场提出）。

调度令：1 号主变压器第二套保护由跳闸改为信号

（9）当发生以下异常情况时：

110kV 母分断路器第一套合并单元故障。当 110kV 母分断路器第一套合并单元故障时，对应主变压器保护装置闭锁，110kV 备自投装置也无法正确动作，运维人员根据现场运行规程重启相应设备，若重启无效，调控值班员根据现场运维人员提出要求停用相应受影响保护装置后，通知检修人员进行处理（具体安措由现场提出）。

调度令：3-1　1 号主变压器第一套保护由跳闸改为信号
3-2　2 号主变压器第一套保护由跳闸改为信号

3-3　110kVBZT 由跳闸改为信号

（10）当发生以下异常情况时：

110kV 母分断路器第二套合并单元故障。当 110kV 母分断路器第二套合并单元故障时，对应主变压器保护装置闭锁，运维人员根据现场运行规程重启相应设备，若重启无效，调控值班员根据现场运维人员提出要求停用相应受影响保护装置后，通知检修人员进行处理（具体安措由现场提出）。

调度令：2-1　1 号主变压器第二套保护由跳闸改为信号
2-2　2 号主变压器第二套保护由跳闸改为信号

（11）母设智能终端故障时，值班调控员许可现场运维人员按照现场规程重启该套故障智能终端装置，若重启后恢复正常则异常消除；若无法恢复则保持停用状态，通知检修人员进行处理（具体安措由现场提出）。

（12）当主变压器本体智能终端故障，则主变压器本体非电量保护将无法动作，运维人员根据现场运行规程重启相应设备，若重启无效，通知检修人员进行处理。

（13）当测控装置故障时，相关信号均失去监控，调控值班员可将间隔监控权限移交现场运维人员，并通知检修人员进行处理（具体安措由现场提出）。

第三节　案例分析

案例：丰塘 1110 线智能终端失电

一、异常发生

2014 年××月××日 15 时 31 分，OPEN3000 监控系统音响告警，告警窗画如图 4-8 所示。

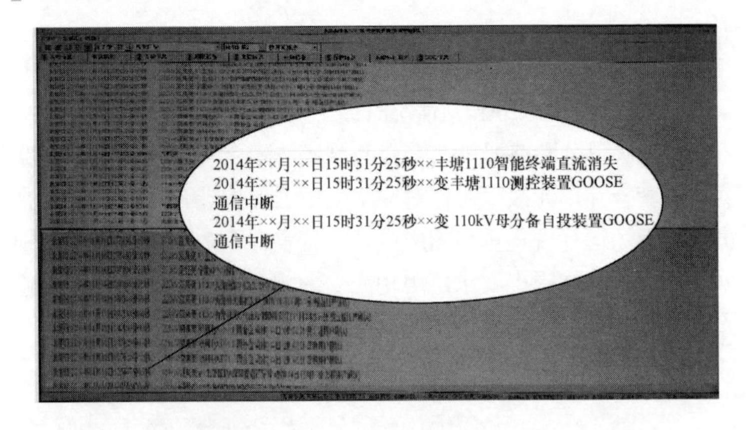

图 4-8　OPEN3000 监控系统告警窗画面图

如图 4-8 所示，监控系统告警窗告警信息如下：

2014 年××月××日 15 时 31 分 25 秒 ××变 丰塘 1110 智能终端直流消失

2014 年××月××日 15 时 31 分 25 秒 ××变 丰塘 1110 测控装置 GOOSE 通信中断

2014 年××月××日 15 时 31 分 25 秒 ××变 110kV 母分备自投装置 GOOSE 通信中断

图 4-9 和图 4-10 分别为 OPEN3000 监控系统 110kV 母分间隔光字图。

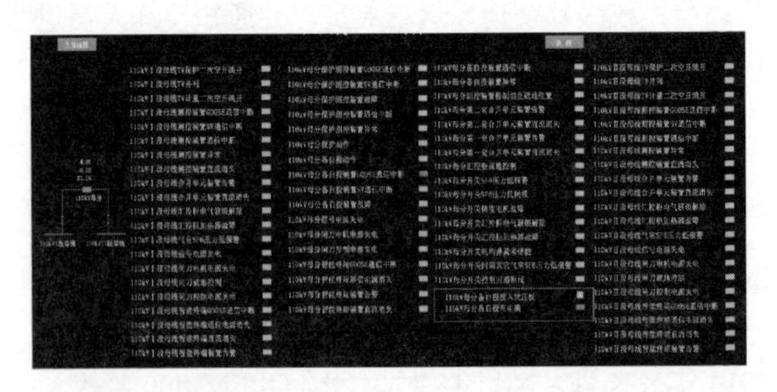

图 4-9　OPEN3000 监控系统 110kV 母分间隔光字图

调控中心当值监控员通知运维站人员派人至变电站检查，并汇报当值调度值班员，告知变电检修室相关事宜，要求做好检修准备工作。

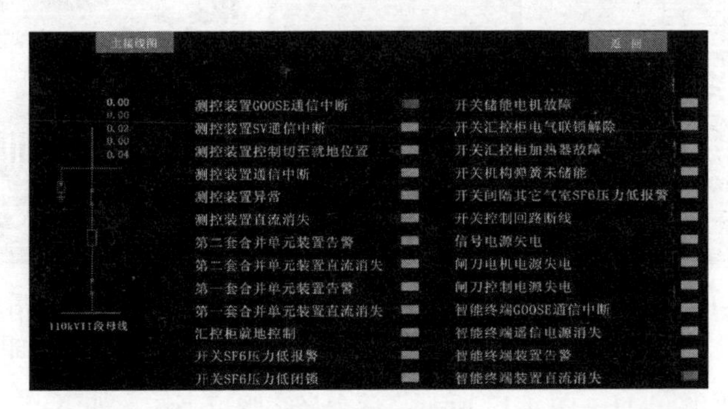

图4-10　OPEN3000监控系统丰塘1110间隔光字图

二、现场检查

15时50分运维人员汇报：运维人员已到达现场，准备进行检查。

16时05分现场运维人员汇报检查情况：

（一）现场后台光字牌动作情况

图4-11～图4-13为变电站后台GOOSE链路图、变电站后台丰塘1110线间隔画面图、变电站后台110kV备自投画面图。

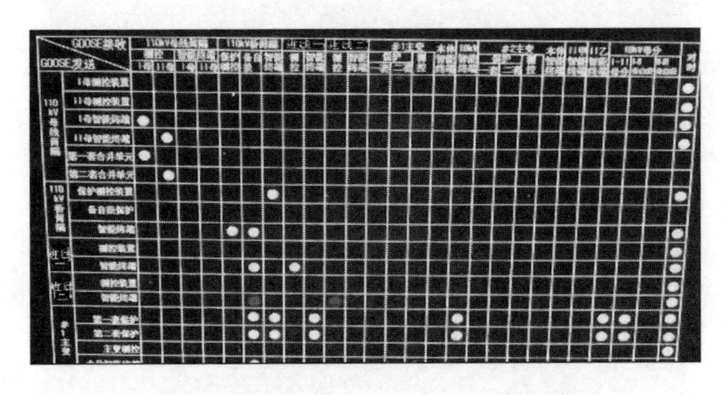

图4-11　变电站后台GOOSE链路图

图 4-12　变电站后台丰塘 1110 线间隔画面图

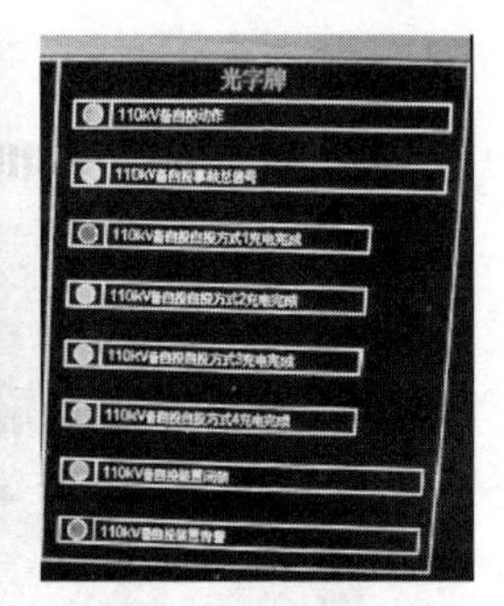

图 4-13　变电站后台 110kV 备自投画面图

如图 4-11～图 4-13 所示，后台光字牌点亮情况如下：

丰塘 1110 智能终端事故总 丰塘 1110 智能终端直流消失 丰塘 1110 智能终端 GOOSE_总告警 110kV 备自投装置异常 GOOSE 链路二维图中该支路变红

（二）现场设备检查情况

现场各设备情况检查如图 4-14～图 4-16 所示。

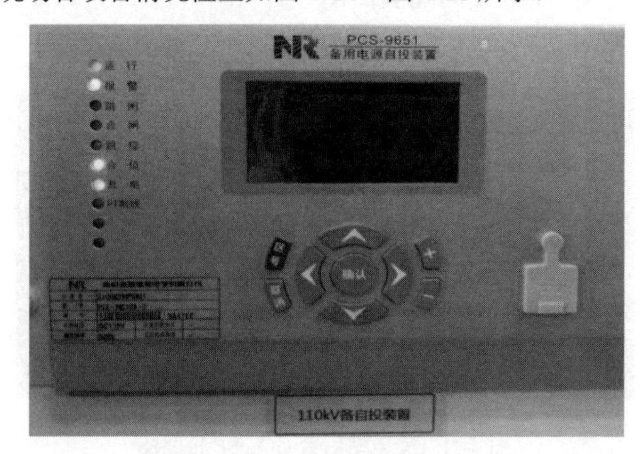

图 4-14　110kV 备自投装置面板

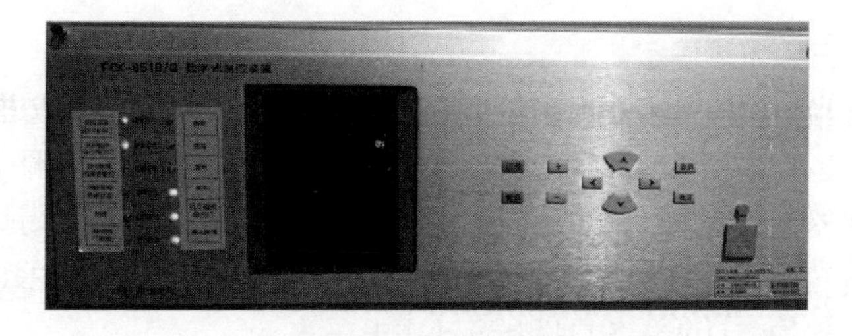

图 4-15　丰塘 1110 线测控装置面板

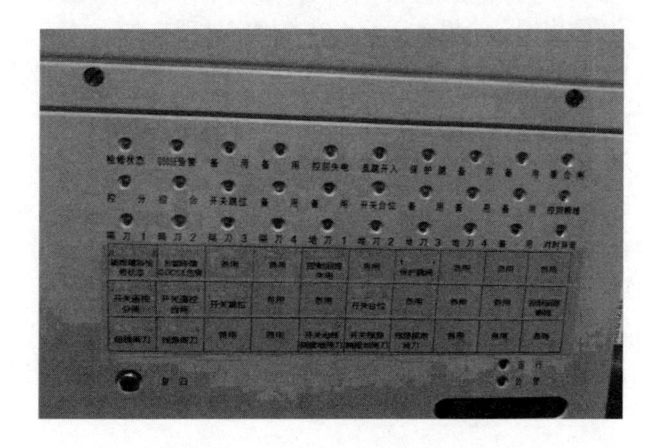

图 4-16　丰塘 1110 线智能终端

如图 4-14～图 4-16 所示，变电站设备巡视结果如下：

丰塘 1110 线智能终端装置面板信号灯熄灭 110kV 备自投装置“报警”灯亮 丰塘 1110 线测控装置“通信异常”灯亮

现场确认因丰塘 1110 线智能终端故障造成上述现象，经检查丰塘 1110 线电源空气断路器分位，存有异味，初步怀疑内部有严重短路。现场运维人员申请停用受影响的保护及安全自动装置：110kV 备自投。

三、方案确定

当值调控员根据现场运维人员的汇报。由现场运维人员根据现场运行规程重启该智能终端（将装置检修压板投入），电源空气断路器无法合上，初步怀疑装置内存有短路现象引起。现场此智能终端影响2号主变压器第一套保护、2号主变压器第二套110kV后备保护、110kV备自投装置动作出口。

当值调控员根据分析结果，咨询继电保护、运行方式专职意见，并核实电网其余设备运行正常，确定处理方案：

（1）保持丰塘1110线智能终端装置目前状态（失电、装置检修压板投入状态）；

（2）通知检修人员进行消缺处理；

（3）停役丰塘1110线及110kV备自投装置；

（4）汇报相关领导上述缺陷事宜。

四、调控处理

值班调控员根据确定的处理方案，进行缺陷处理。

16时18分值班调控员汇报相关领导上述缺陷事宜及处理方案。

16时20分调度当值正令：

××变 110kVBZT由跳闸改为信号

16时21分调度当值通知变电检修室，告其上述事宜，要求派人至现场检修。

16时30分现场运维人员汇报上述正令操作完毕。

第五章

辅 助 设 备

智能变电站辅助设备主要包括时间同步装置（GPS、北斗）、不间断电源装置以及二次安全防护系统。辅助设备的异常将影响监控系统的稳定、可靠运行：时间同步装置的异常情况会使监控系统各设备时间不一致，以至于无法在变电站故障时提供可信的分析材料；不间断电源装置的异常将使工作站不能正常运行，在变电站故障情况下无法记录故障信息；二次安全防护系统的缺失或漏洞很有可能引起病毒的感染和黑客的攻击从而对智能变电站的安全生产和电力的稳定供应带来极大的威胁。

第一节 时间同步系统

在变电站计算机监控系统中，断路器的跳闸顺序、继电保护动作顺序，需要精确统一的时间来辨识，为事故分析提供带有时间顺序的信息依据，因此建立统一的时间同步系统就非常必要。而以 GPS、北斗为代表的卫星同步时钟系统则正是现阶段电力系统中应用最广泛、最有效的一种对时方式。

一、时间同步系统介绍

GPS 是由美国军方开发应用，并已成为传播范围最广、精度最高的时间发布系统。但由于其可用性和同步精度受制于美国的 GPS 政策，在 GPS 信息中包含有不确定的干扰信号，在战时或特殊情况下不能使用。

北斗卫星导航系统是我国正在实施的自主研制、独立工作的全球卫星导航系统，考虑到安全因素，我国电力系统时间同步系统正以北斗卫星导航系统逐步替代 GPS 系统。

在电力系统中应用的 GPS、北斗时钟同步系统，两者主要区别在于信号源的不同，考虑到现阶段 GPS 的应用更为广泛，本节都以GPS时钟同步系统为例进行展开。

GPS卫星时钟同步系统一般由GPS卫星信号接收部分、CPU部分、输出或扩展部分、电源部分、人机交互模块部分组成。GPS卫星时钟同步系统利用RS 232接口接收GPS卫星传来的信号，然后经主CPU中央处理单元的规约转换，将当地时间转换成满足各种要求的接口标准（RS 232/RS 422/RS 485等）和时间编码输出（IRIG—B码，ASCII码等）。其主要的输出方式有同步脉冲输出、串行时间信息输出、IRIG—B码和网络对时输出4种对时方式，变电站现场根据实际需要进行选择。

二、时间同步系统缺陷的类型

相比于电力监控系统的其他设备，由于GPS设备相对更为简单、与其他智能装置的联系更为直接，因而在实际的运行过程中，相应的缺陷也较少，主要可归纳为GPS装置接收不到标准时钟对时信号、智能装置GPS对时不准两类。

为了对故障进行有效地排查分析，首先要了解对时信号的接受、传输及显示各环节的工作过程，如图5-1所示。

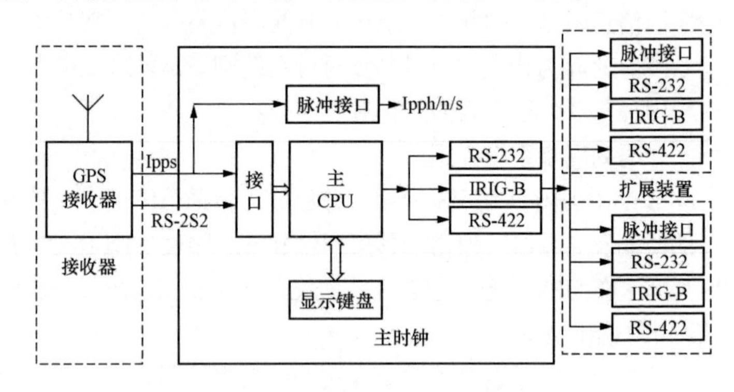

图5-1　GPS时钟同步系统原理图

（一）GPS接受不到信号的常见原因

（1）GPS天线安装不规范：天线安装位置应视野开阔，可见绝大部分天空，尽可能安装在屋顶。但同时高出屋面距离不要超出安装必需的高度，以尽可能地减少遭雷击的概率。若有多个天线同时安装，相互之间的距离不能过近，否则会引起干扰，影响对时信号的正确接收。

（2）GPS 设置问题：一般现在的 GPS 装置都采用默认设置，但在实际应用中可能会出现设置不正确导致的 GPS 工作异常，为此就需要深入了解相关设置参数。

（二）GPS 对时不准的常见原因

（1）传输通道存在问题：主要包括信号传输材质的正确选择和相关回路是否规范安装。

（2）被授时智能装置设置问题：实际接入的对时方式与设置的方式是否相一致。

（3）GPS 及被授时智能装置的硬件、程序问题：除了以上这些常见原因，还需要考虑 GPS 装置与被授时装置间的匹配问题。

三、时间同步系统缺陷排查方法

（一）GPS 装置本身接收不到标准时钟对时信号时的检查步骤

（1）查看天线运行是否正常，检查天线与装置接口接触是否良好；检查天线顶部接收器是否被规范安装，或是否被遮盖；检查天线是否损坏。若天线外观检查无异常，可用一个状态良好的天线来替代原天线以验证信号接收是否正常。

（2）检查 GPS 装置本身设置是否正确：根据装置说明书和厂家的建议来检查 GPS 装置各参数的设置情况。

（3）检查 GPS 装置相关板件是否损坏：可通过告警信息、故障指示等情况判断 GPS 装置板件是否损坏。

（二）被授时智能装置 GPS 对时不准时的检查步骤

（1）检查被授时智能装置参数设置：核实设置对时方式与实际接入的对时方式是否匹配。

（2）测量对时线之间的电压：脉冲对时应检查对时线的电压是否正常，如电压正常，再检查时间过零时电压是否跳变，若经常跳变，则可能是装置对时接口板存在故障；B 码对时，在电压正常的情况下，特别需要注意连接线的正负极性是否接反。

（3）检查信号传输通道是否正常：若对时线电压两侧不一致，超出正常误差，需要检查信号传输通道是否存在问题：包括传输通道的材质选择是否正确、相关接线接触是否良好，或者传输线是否存在断线故障。

以上所述是针对单个装置存在对时不准的处理手段，而对于接在某一 GPS 对时装置或某一对时板件上的所有装置都存在对时问题时，故障查找的着重点则可放在查看 GPS 本身是否存在问题，此时就需要对 GPS 硬件、程序进行故障查找。

第二节　智能一体化电源

智能一体化电源系统实现了智能变电站内交直流、逆变、通信电源的一体化设计、统一调试和管理。在此基础上通过交直流一体化电源高度的网络化和智能化特点实现网络通信、系统优化、系统管理等后期的电源管理工作，更好地实现智能变电站的智能化和网络化。智能一体化电源系统的应用对于改善智能变电站的整体运行安全性和可靠性有着重要意义，同时借助高度的网络化和智能化特点，可以有效地降低变电站电源系统后期的维护和管理工作，缩短电源系统维护的周期，对于保障智能变电站的高效运行有着十分重要的意义。同时智能一体化电源系统在智能变电站中的应用还具有较大的发展空间。智能一体化电源核心元件为不间断电源，以下将主要对其进行详细的介绍。

一、不间断电源概述

不间断电源（uninterrupted power supply，UPS），是一种置于交流电网和关键负载间的电力电子装置，其基本功能是当交流供电电源（市电）出现干扰或中断时，仍能保证对负载不间断的供电，确保关键负载连续正常运行。

图 5-2 给出了一种常见的 UPS 的结构图，可以看出一台完整

的 UPS 一般都由蓄电池和静止逆变器两个主要组成部分。蓄电池把电能以直流的形式存储起来，逆变器负责把蓄电池存储的直流电转化为负载所需的交流电。在电网供电中断时，蓄电池释放的直流电经过逆变器转变成交流电，以实现对负载不间断供电。此外，不间断电源应该具备静态转换开关，以便迅速断开故障供电通道，接入正常供电通道。同时不间断电源还应该包括整流电路、充电电路、控制、监测、显示及保护电路等。

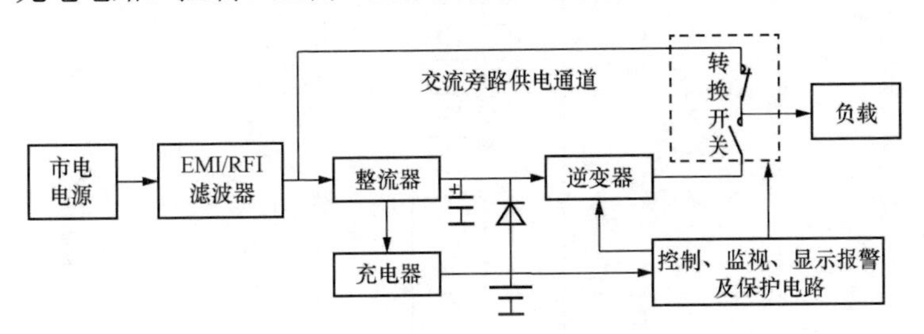

图 5-2　不间断电源装置组成结构图

在变电站监控系统的实际应用中，广泛使用的是 10kVA 及以下功率的小型电力专用不间断电源，相较于传统的 UPS，少了蓄电池与充电器，但增加了直流输入，在交流电断电时由变电站直流输入迅速供电给逆变器，经转换后送至用电设备。在超载、逆变器故障等情况下，小型电力专用不间断电源能切换至旁路供电，进一步提高了供电可靠性。常用的不间断电源原理图如图 5-3 所示。

二、不间断电源缺陷分类

不间断电源常见故障现象主要为 UPS 不能正常输出或 UPS 一直工作于旁路供电状态，可能原因有：

1. 设备故障

（1）输入相序错误：导致逆变输出电源与市电相序不一致，以至于不能切换至旁路运行方式。

（2）输出过载或短路：导致装置内部各元器件通过电流较大，设备发热严重，进而引起装置的内部故障。

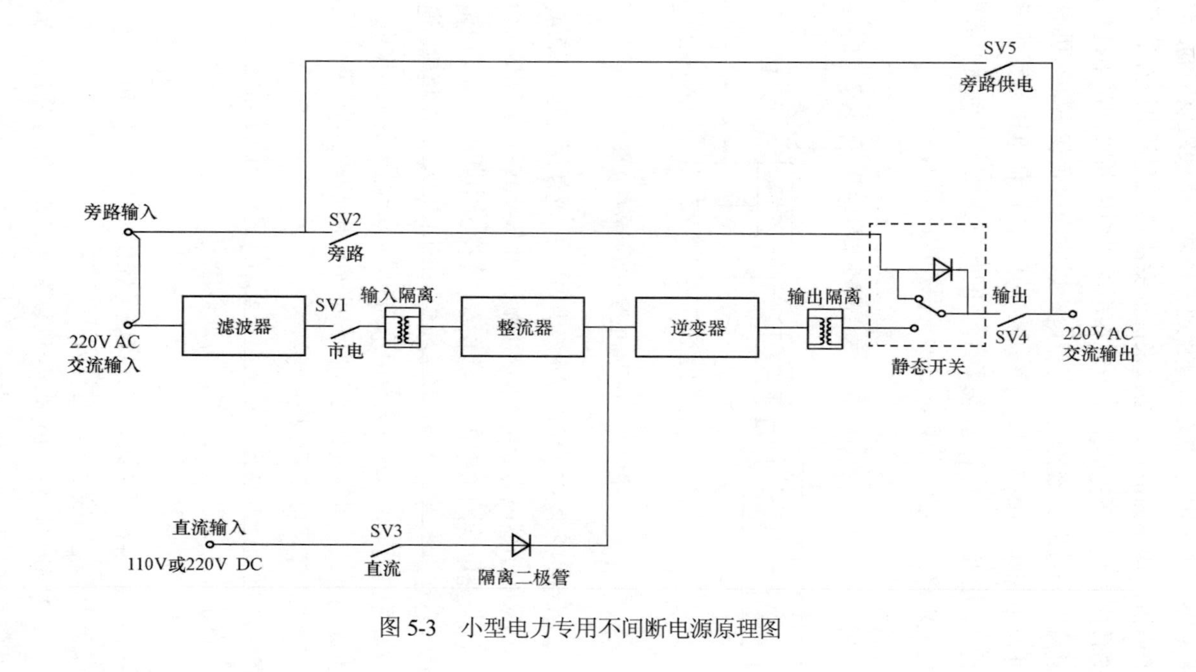

图 5-3　小型电力专用不间断电源原理图

2. 人为故障

（1）操作性故障：不按说明书要求进行 UPS 的开关机操作，如带所有负载开机、频繁地开关机都会导致 UPS 故障。

（2）延误性故障：由于运行人员的疏忽未及时发现故障隐患，或发现了却未及时采取相应措施而引起的故障。

三、不间断电源缺陷排查方法

虽然 UPS 设备作为专业的成套设备，其本身结构较为复杂，在实际的故障查找过程中，排查的重点是输入环节的交流电源、直流电源是否正常以及输出环节的交流电压是否正常。若输入环节的交流电源、直流电源不正常，则需排查上级输入回路；若输出环节的交流电压不正常而输入环节的交流电源、直流电源均正常，可考虑 UPS 内部的元器件受损，一般将此成套设备返厂处理。

第三节 二次安全防护方案

电力二次系统是对电网进行监测、控制、保护的装置与系统的总称，同时也包括支撑这些系统运行的通信及调度数据网络。二次系统的安全运行直接影响到电网的安全运行：一方面近年来网络化应用的增多，二次系统面临的黑客入侵及恶意代码攻击等威胁大增；另一方面电网对二次系统依赖性逐年增大，二次系统的故障对电网的危害也越来越大，严重情况下甚至会导致大面积电网事故。依据《电力监控系统安全防护规定》（国家发展改革委员会 2014 年第 14 号令）的要求，发电企业、电网企业内部基于计算机和网络技术的业务系统应该划分为生产控制大区和管理信息大区。生产控制大区也可以分为控制区（安全区 I）和非控制区（安全区 II）；管理信息大区内部在不影响生产控制大区安全的前提下，可以更具各企业不同安全要求划分安全区。在生产控制大区与管理信息大区之间必须设置经国家指定部门检测认证的电力专用横向单向安全隔离装置。生产控制大区内部的安全区之间应当采用具有访问控制功能的设备、防火墙或者相当功能的设施，实现逻辑隔离。安全接入区与生产控制大区中其他部分的联接处必须设置经国家指定部门检测认证的电力专用横向单向安全隔离装置。

一、总体策略和框架

电力二次系统安全防护工作应当坚持“安全分区、网络专用、横向隔离、纵向认证”的原则，重点强化边界防护，提高内部安全防护能力，保证电力生产控制系统及重要数据的安全。

二次系统安全防护体系主要包括技术措施和管理措施。技术上要求按照总体原则，有效分区，部署安全产品，采取相应技术措施，使二次系统达到总体原则要求。管理上主要按照“谁主管、谁负责”的原则，建立二次系统安全防管理体系，明确职责，在系统生命周期全过程贯彻二次安防要求。另外，还需建立常态化的评估机制，建立联合防护及演练制度，完善二次安全防护体系。

二、二次安防总体方案

根据总体原则要求，电力二次系统安全防护总体框架如图5-4所示。

1. 安全分区

安全分区是二次安防体系的基础，二次应用系统原则上划分为生产控制大区和管理信息大区，生产控制大区进一步划分为控制区（I区）和非控制区（II区）。其中控制区中的业务系统或其功能模块（或子系统）的典型特征为：电力生产的重要环节，直接实现对电力一次系统的实时监控，纵向使用电力调度数据网络或专用通道，是安全防护的重点与核心。非控制区中的业务系统或其功能模块的典型特征为：电力生产的必要环节，在线运行但不具备控制功能，使用电力调度数据网络，与控制区中的业务系统或其功能模块联系紧密。具体的业务系统，可根据各模块或子系统的特征，将它们部署在相应的安全分区。例如，EMS系统的SCADA子系统部署在控制区，WEB子系统部署在管理信息大区。生产控制大区内部应禁用常

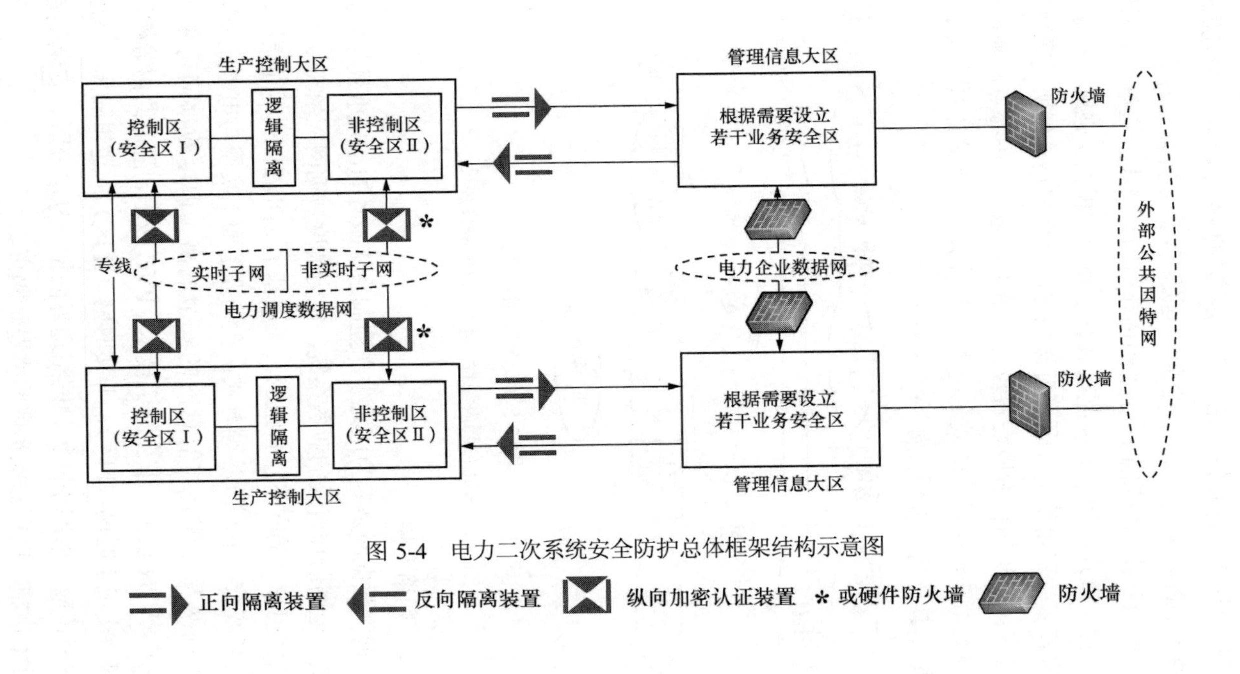

图 5-4　电力二次系统安全防护总体框架结构示意图

用的网络服务，各业务系统应部署在不同的 VLAN 上，此外还应根据要求部署 IDS、防火墙、恶意代码防范等安全装置。

电力二次系统安全区连接的拓扑结构有链式、三角和星形结构三种。链式结构中的控制区具有较高的累积安全强度，但总体层次较多；三角结构各区可直接相连，效率较高，但所用隔离设备较多；星形结构所用设备较少、易于实施，但中心点故障影响范围大。三种模式均能满足电力二次系统安全防护体系的要求，可根据具体情况选用，如图 5-5 所示。

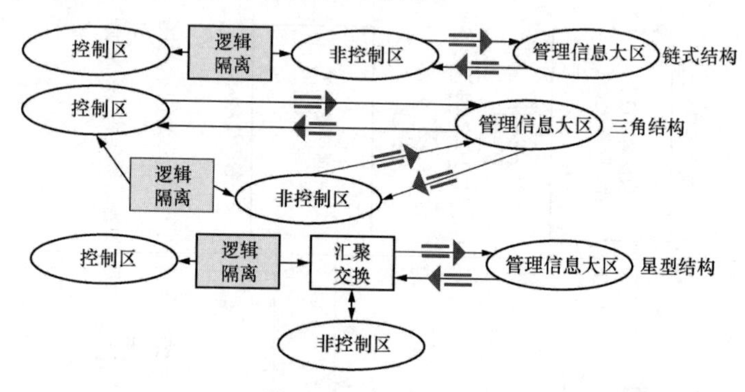

图 5-5　安全区拓扑结构

正向隔离装置　反向隔离装置

2. 网络专用

调度数据网是专为电力生产控制系统服务的，只承载与电力调度、电网监控有关的业务系统。电力调度数据网应当在专用通道上使用独立的网络设备组网，采用基于 SDH/PDH 不同通道、不同光波长、不同纤芯等方式，在物理层面上实现与电力企业其他数据网及外部公共信息网的安全隔离。调度数据网可采用 MPLS—VPN 技术、安全隧道技术、PVC 技术、静态路由等构造子网，实现实时网（I 区）、非实时网（II 区）的逻辑隔离。调度数据网还应采取路由防护、网络边界防护、分层分区、安全配置等技术措施，以更好地实现网络逻辑隔离。

3. 横向隔离

在生产控制大区与管理信息大区之间部署经国家指定部门检测认证的电力专用横向单向安全隔离装置，隔离强度应接近或达到物理隔离。生产控制大区内部的安全区之间应当采用具有访问控制功能的网络设备、防火墙或者相当功能的设施，实现逻辑隔离。横向隔离装置分为正向型和反向型，只允许纯数据单向传输，不允许常见的WEB、FTP、TELNET等服务穿越隔离装置，严禁内外网间建立直接和TCP链接。

4. 纵向认证

纵向加密认证是电力二次系统安全防护体系的纵向防线。采用认证、加密、访问控制等技术措施实现数据的远方安全传输以及纵向边界的安全防护。一般调度端及重要厂站侧的控制区部署纵向加密认证装置，用于实时数据的加密传输，同时还可实现数据包过滤功能。在调度端及重要厂站侧的非控制区部署国产硬件防火墙装置，或边界路由器上配置访问控制列表，实现数据包过滤功能。另外，针对传统的常规专线通道可采取线路加密措施。

第六章

远景规划

第一节 新型设备的运用

一、电子式互感器的成熟应用

电流互感器（简称 TA）、电压互感器（简称 TV）是电力系统中进行电能计量和继电保护的重要设备，其精度及可靠性与电力系统的安全、可靠和经济运行密切相关。目前，电力系统中的互感器基本上基于电磁感应，传统的电磁式互感器主要存在的缺陷有：绝缘性能要求高，体积大，造价高；TA 输出端开路产生的高电压和 TV 输出端短路产生的大电流对周围人员和设备存在潜在的威胁；TA 固有的磁饱和、铁磁谐振、动态范围小、频率响应范围窄等缺点，难以满足新一代电力系统在线检测、高精度故障诊断、电力数字网等发展要求。特别对于智能电网而言，传统的 TA、TV 所输出的模拟量无法满足以微处理器为基础的数字保护装置、智能化二次设备、电网运行监视与控制系统等。因此采用非传统的光电式数字化互感器是电力系统技术创新面临的重要任务。光纤具有优越的抗电磁干扰能力和电绝缘性能，以往难以解决的问题由于光纤的应用而得以解决，例如在电压、电流传感，高电位区域电场、磁场测量，信号的有效传输等方面，光纤都发挥了特有的优势。随着光电子、光纤通信和数字信号处理技术的发展，光 TA 和光 TV 已在部分智能站得到了应用并有加大推广的趋势。

按照传感原理的不同，利用光纤测量输电线电流电压的互感器可分为两种基本类型：全光式互感器（无源）和光电式互感器（有源），这两种互感器都采用光纤作为信号传输介质，从而避免了高压侧与低压侧之间直接的电气连接。随着智能变电站的发展，全光式互感器以其在各种电磁环境中出色的抗干扰性能和全程光信号的信息交互特性将会得到越来越广泛的应用。

图 6-1 和图 6-2 分别为纯光电子式电流互感器接口示意图和纯光电子式电流互感器产品示意图。

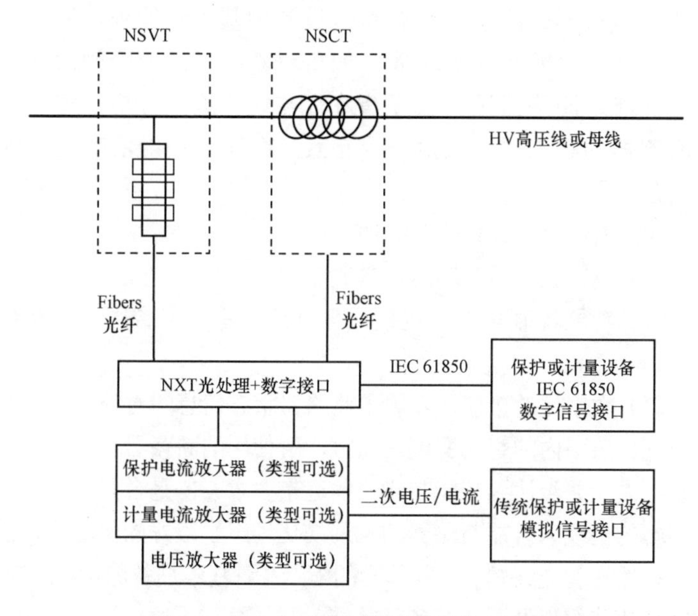

图 6-1 纯光电子式电流互感器接口示意图

图 6-2 纯光电子式电流互感器产品示意图

二、智能断路器推广应用

根据 IEC 62063：1999 定义，智能断路器设备指的是具有较高性能的断路器设备和控制设备，其配有电子设备、传感器和执行器，除了具有断路器设备的基本功能外，同时还具有监测和诊断等附加功能，如可对断路器的分合闸时间、绝缘性能、断路器触头温度等进行在线监测和分析，实现一次断路器的状态评估与检修，有效提升企业的经济效益与安全效益。

智能断路器所具有的功能如下：

（1）电、磁、温度等运行参数监测。

（2）智能控制功能，包括最佳开断、定相位合闸、定相位分闸。

（3）数字化的接口，实现了断路器状态信息的对外交互。

就目前国内的智能变电站而言，所使用的断路器与传统设备区别不大，并没达到智能断路器的远景要求。但是合并单元和智能终端的出现为智能断路器的发展演化埋下了很好的伏笔。目前的断路器在智能终端、合并单元的配合下，基本具备测量、控制、状态监视告警以及通信等各种功能。

远景的智能断路器将传统的一次断路器设备融合了二次继电保护装置、测控装置，通过先进的通信、自动控制、人工智能以及传感器技术，使得断路器具备程序化操作、远方监视、状态自检以及能和远方主站端进行信息交互等多种功能，从某种程度上而言远景一次断路器设备对二次设备的吸收、集成程度将会大大超过目前的水平。

三、网跳模式的应用

智能变电站保护跳闸方式主要有两种：一种是保护点对点跳闸；另一种是保护网跳闸。两种方式各有特点：点对点跳闸传输不依赖于网络，但光口多、熔点多；而保护网跳闸需经过交换机，光纤熔接点少、光纤敷设量少。

智能变电站保护网跳闸方式，是保护装置及智能终端均引接至过程层交换机，保护跳闸等所有 GOOSE（面向通用对象的变电站事件）信号均通过网络传输。

智能变电站保护点对点跳闸方式，是保护装置至智能终端之间具有独立光纤连接，保护跳闸信号通过该直达光纤传输，其余信号接至过程层交换机通过网络传输。

两种跳闸方式的主要区别是：接线形式上，点对点跳闸方式比保护网跳闸方式增加了跳闸光缆；跳闸模式上，点对点跳闸方式的跳闸报文通过直达光缆传输，无中间环节，而保护网跳闸方式的跳闸报文需通过交换机传输智能变电站技术规范提出，智能变电站的基本要求是全站信息数字化、通信平台网络化和信息共享标准化。采用网络化传输更符合智能变电站建设的初衷和未来技术发展的趋势。

影响保护网跳闸可靠性的主要因素是交换机丢包。交换机产生丢包的可能性有三种：

（1）电磁干扰；

（2）网络风暴；

（3）交换机处理能力差。

目前变电站自动化系统过程层交换机在高负载情况下存储转发延时均小于 300μs，小于继电器动作的抖动延时，可以满足继电保护速动性要求。同时现有过程层网络均采用双网结构，在任一网络发生故障的情况下，均不会导致保护的拒动，因此保护网跳闸方式可以保证继电保护的可靠性。

第二节 高级应用的深化

一、推广远方程序化操作

程序化操作（顺序操作）是智能化变电站已经实现的基本功能。它指的是在满足操作对象的各种逻辑条件和闭锁条件的前提下，变电站自动化系统可以根据所输入的一系列操作对象进行有序的操作，以达到替代运维人员手动操作的目的。顺序操作不但能够提高操作任务的效率，还能有效地避免误操作的发生。

调控远方程序化操作是指调度端监控系统利用数据交互技术、按照预设程序实现变电站设备顺序控制。调控远方程序化操作的实现，将调控远方操作范围从开关扩展为隔离开关及二次操作的同时，优化调整了调控远方操作路径。该操作模式充分利用了变电站防误闭锁功能和程序化操作成果，避免了防误闭锁功能的重复建设和安全职责的重新界定，有效保障调控远方操作安全，全面提升电网驾驭能力和远方操作效率。

调控远方程序化操作，是完善提升“大运行”体系建设的又一重大举措，事故情况下可以快速实现故障隔离、方式调整、恢复送电，将有效提升变电站无人值守模式下电网安全保障能力和供电服务水平。同时，也为后续进一步实施调度操作许可和状态移交创造了条件，将引起电网调控运行管理模式的深度变革。

调控中心主站程序操作是在变电站具备程序操作功能的基础上，调控中心主站端利用通信网络调用现场程序操作程序实现远程程序操作，是开关常态化远方操作工作的延伸。主站程序操作仅限于单一线路间隔运行、热备用及冷备用三种状态之间的转换。

顺序操作的前提条件是厂站的自动化系统可接受调度控制中心、操作站的控制指令，并在经过逻辑校验之后发出与标准化操作相符的各项控制命令。其具体工作流程如图 6-3 所示。

远方程序化操作具备如下几种功能：

（1）满足变电站无人值班及集控站管理模式的要求；

（2）可接收执行集控中心、调度中心和当地后台系统发出的控制指令，经安全校核正确后自动完成符合相关运行方式变化要求的设备控制；

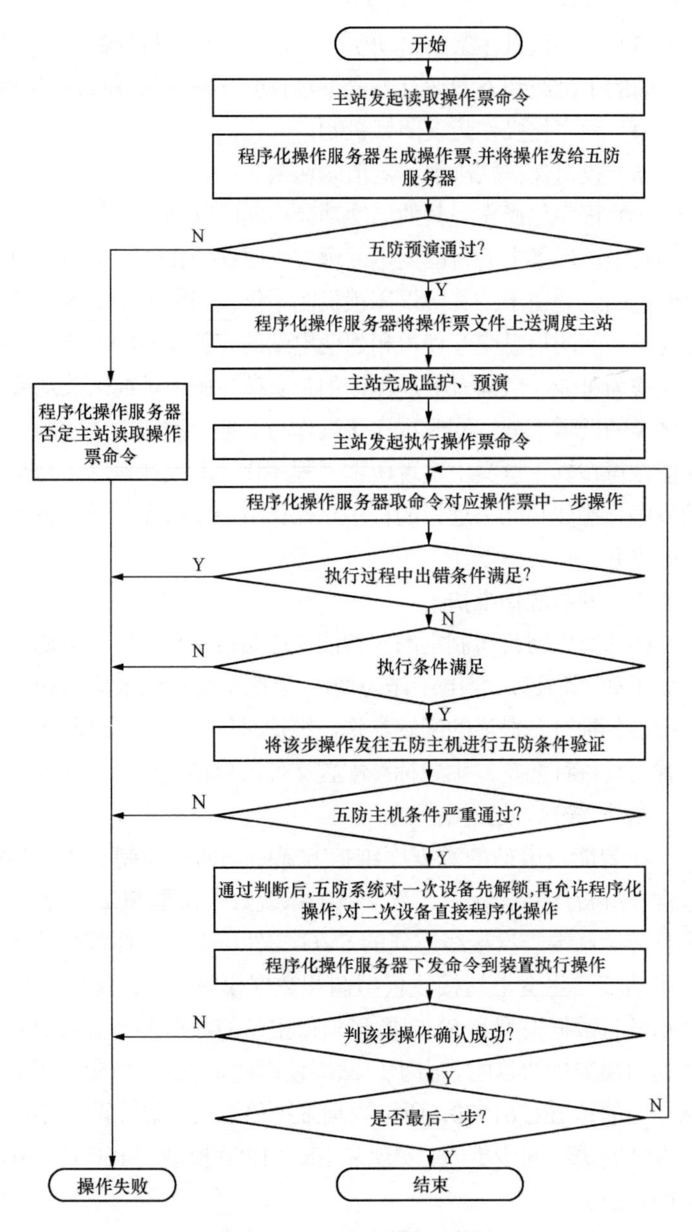

图 6-3 远方程序化操作流程图

（3）程序化操作票的自动生成、传送、存储与分解，应具备在不同的主接线和不同运行方式下，自动生成典型操作票的功能；

（4）程序化操作防误闭锁机制；

（5）投退保护软压板、定值区切换等；

（6）程序化操作与其他二次功能单元的联动。

其中，远景中的智能变电站远方程序化操作区别于当前数字化变电站之处在于：其防误闭锁机制不仅仅局限于本站内设备，站与站之间的信息交互使得相邻变电站的有关设备纳入防误闭锁机制成为可能，从而有效避免诸如带负荷拉闸或带线路接地线送电之类的严重事故。同时程序化操作与其他二次功能单元的联动功能使得在真正意义上实现所谓“程序化”的设计概念，与目前的程序化操作相比，远景的程序化操作将会使得操作效率得到很大的提升。

二、开展源端维护

在国家电网公司制定的《智能变电站技术导则》中对源端维护做了如下描述：变电站作为调度/集控系统数据采集的源端，应提供各种可自描述的配置参量，维护时仅需在变电站利用统一配置工具进行配置，生成标准配置文件，包括变电站主接线图、网络拓扑等参数及数据模型。

在智能变电站的数据库维护方式中，调度控制一体化系统包含有解析厂站一次、二次设备的系统数据模型 SCD 配置文件和反应厂站端一次接线方式的 SVG 文件。上述文件将会在相应的子站端产生变电站接线模型图和数据模型，厂站端通过向主站端发送数据模型和 SVG 图形使得主站的数据得到实时更新，达到源端维护的目的。由于厂站端使用的是 IEC 61850，而主站端使用的是 IEC 61970，所以源端维护的方式可以使两个不同的标准之间进行同步更新，实现从 IEC 61850 模型到 IEC 61970 模型的转换。

在具体实现过程中，通过模型工具对 IEC 61970 标准的 CIM

模型文件的识别，并对厂站中所获得的模型进行比较后，通过分析两者之间的差异性生成系列的报文以供主站端维护人员分析、确认，并将厂站端的数据更新至主站端中。图形的维护也是通过相似的方式对 SVG 文件进行比较、分析。所以源端维护是对群映射和对象映射思想的应用，以信息一体化、信息共享化、信息兼容化为特点，解决了以往厂站端和主站端数据库维护工作的相对独立的缺点，并实现了主站、厂站、单一设备的信息关联。

三、设备状态可视化

设备状态可视化是指采集主要一次、二次设备状态信息，进行可视化展示并发送到上级系统，为实现优化电网运行和设备运行管理提供基础数据支撑。

设备状态可视化是将设备“状态”这一抽象的概念通过具体运行数据，设备参数和设备“病历史”以直观的文字、表格或图形等方式表达出来，以供专业人员进行分析、诊断、预估设备的状态，并提出相关维护、保养和检修的方案、计划。相对于变电站设备的传统维护方式，变电设备的状态检修方式的大力推广对设备状态可视化也提出了更高的要求。

设备状态可视化是一个多层结构的软硬件结合的综合应用系统。其中，该系统在智能变电站包括两层：①就地监测层，负责变电站电网设备、智能电子装置等设备的各种状态和信息的采集；②站内数据平台，负责变电站内各种监测数据的收集、显示、分析。该系统在调度中心也包括两层；③数据采集层，负责采集各变电站上送的各种设备检测信息，形成设备在线监测数据平台；④应用分析层，利用电力系统中成熟的电力设备故障诊断算法对设备故障进行诊断，对设备状态进行评估分析，并结合电网的运行方式和检修计划，合理进行故障设备的检修管理。

总的来说，设备状态可视化包含：

（1）运行监视可视化；

（2）程序操作可视化；

（3）智能告警可视化；

（4）状态监视与分析可视化。

四、站域控制及站域保护

电网结构日益复杂，运行方式灵活多变，使得传统继电保护的配置和整定难以同时兼顾选择性和灵敏性的要求，特别是按阶梯式配置的传统后备保护，仅反映局部运行状况，相互之间缺乏协调。为克服传统继电保护在原理和配置上的缺陷，在智能变电站中采用站域后备保护与全数字化主保护协调工作的模式，改善后备保护性能。由于广域继电保护受到实现技术的限制，研制智能变电站中基于信息共享的站域保护更具现实意义针对继电保护存在的固有缺陷，自20世纪90年代开始，国内外学者相继开展了非传统继电保护的原理和技术方案的研究工作，如广域保护、集合保护、系统保护、集成保护和集中式保护等。其中，基于广域测量系统的广域后备保护已经引起了高度关注，相继提出了基于电流差动原理的广域保护、基于方向比较原理的广域保护、基于纵联比较原理的广域保护、基于潮流转移识别的广域保护和基于专家系统集中决策的广域保护等新方法。

智能变电站实现了信息采集数字化和信息传输网络化，以及高度的信息共享，智能变电站相关技术的发展和不断成熟，为从根本上提高和改善后备保护性能提供了新的思路。

图6-4为站域保护的逻辑结构图，为保证独立性和可靠性，主保护采用“直采直跳”的模式。直采即直接采样，是指采用点对点直连光纤从合并单元获取采样值；直跳即直接跳闸，是指采用点对点直连光纤向智能终端发送跳闸信号。所有主设备均冗余配置具有完全选择性的电流差动原理主保护，不再按设备或间隔单独配置后备保护，而是统一配置站域后备保护，完成近后备保护和断路器失灵保护功能。这种配置方案既继承了传统继电保护的成熟经验，又可以充分利用智能变电站的信息共享优势。

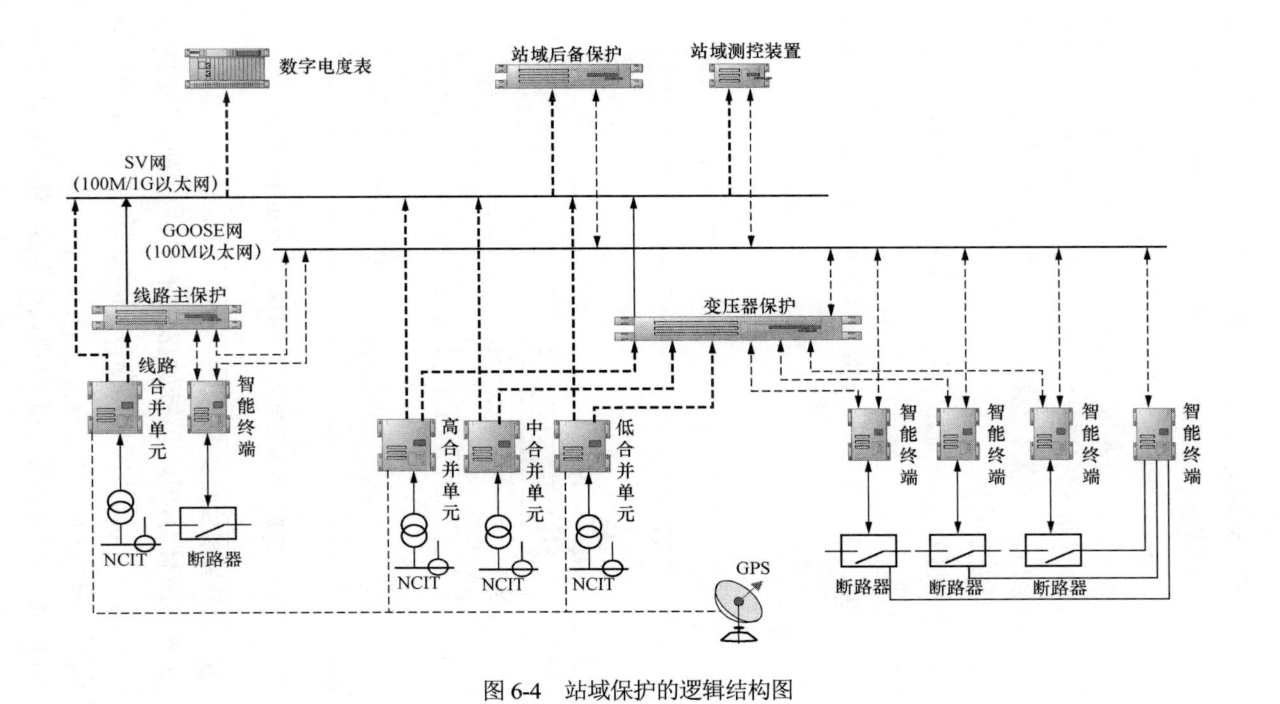

图 6-4 站域保护的逻辑结构图

在220kV电压等级下，站域信息仅用于实现后备保护功能；110kV等级的站域保护主要面向后备保护，可适当集成主保护功能；35kV等级的站域保护可基于共享信息构建主保护（增设中低压等级的母线保护），并集成后备保护。分区配置的示意图如图6-5所示。该分区布置智能变电站站域保护的优势在于：

（1）根据后备保护配合原则，按电压等级分隔站域保护不会影响原有继电保护特性；

（2）各子区站域保护间仅需通信极少的信息，站域保护系统的结构更明确；

（3）在同一电压等级下构建站域保护有利于同变电站主保护的协作。

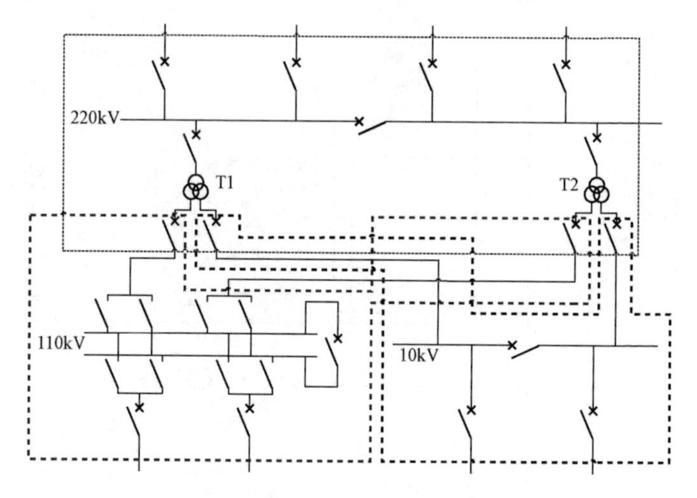

图6-5　220kV智能变电站中站域保护分区布置示意图

五、完善智能检测及控制

2005年的11月，国际电信联盟发布了《ITU互联网报告2005：物联网》，正式提出了物联网的概念。物联网是一种通信的方式，其构架可分为三层：

（1）传感网络层：通过RFID协议或传感器获得物体的状态。

（2）传输网络层：通过 Inter 网或通讯网路传送数据。

（3）应用网络层：数据处理的控制终端，如计算机。

因为传感层的设备种类繁多、厂家各异，物联网的发展需要一个主导部门来指挥和规划（例如政府或者国际电工委员会），使得各种规约统一化，硬件标准化，所以物联网具有管理性、广泛性、技术性等特点。对于变电站而言，因为设备范畴相对较小，生产厂家相对固定，管理机构相对独立，所以物联网在电力系统中的发展速度远远大于日常生活。以下给出了智能变电站中物联网的构架图，如图 6-6 所示。

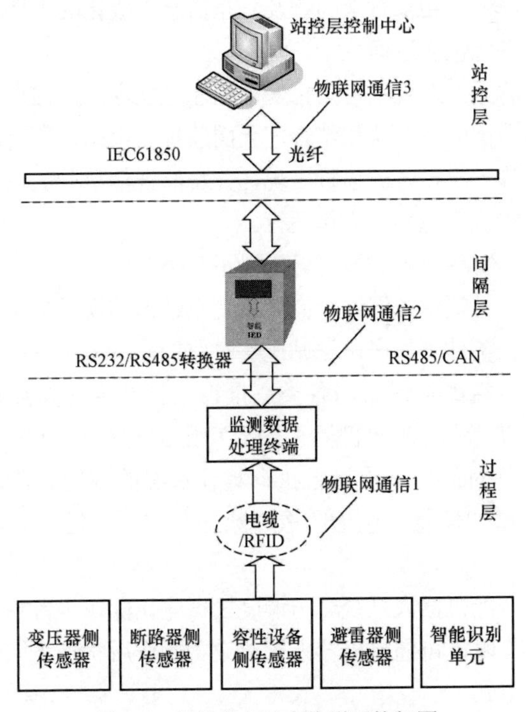

图 6-6　智能变电站中物联网构架图

如图 6-6 所示，智能变电站中的物联网的层次和智能变电站的三层两网非常相似，传感层网络位于一次设备所集中的过程层中，用来采集一次设备的状态变电设备的动态信息，并与通过RFID 获取设备的静态信息一起由光缆传到数据处理终端，完成过程层与中间的数据通信；数据被监测终端数字化处理后通过 RS 485/CAN/Zigbee 等手段完成过程层与间隔层之间的通信；最后间隔层处理后的数据通过光纤按 IEC 61850 协议完成间隔层与站控层的数据共享。

六、建立无人巡视支撑平台

智能变电站的无人化值班趋势和自动化技术、机器人技术的快速发展使得变电站内通过自动装置监视、机器人巡视来代替传统的人工巡视得到了有效的普及。在信息集成化的大环境下无人巡视支撑平台也应运而生了。

所谓的无人巡视平台是指变电站通过站内的监控设备、机器人设备和摄像网络系统相结合，全面监视变电站内所有断路器、隔离开关等一次设备的运行工况，并将监视信息归类后上送给运维终端以实现变电站无人化运行。

其具体实现方式大概可分为以下几类：

（1）通过摄像头网络全面监视变电站内的现场情况，以实现安保和灾害条件下的变电站站况实时监控。

（2）将智能机器人与各类测量设备相结合（如红外测温，高清摄像头等），在向机器人输入特定的程序后可按工作人员的意图进行对站内一次设备执行具体状况的巡视、工况查看，并将所获得的信息（包括图像、数据）实时传送于后台智能分析系统。

（3）智能机器人系统可与调度段程序化操作平台相结合，当程序化操作时，可通过机器人核对设备操作后状态来取代传统的人工核查方式。

因为变电站的电磁环境比较恶劣，且厂内运行设备所需检查的项目纷繁复杂，所以我们对所使用的机器人有一定的特殊要求。

（1）智能巡检机器人尽量满足具备自动充电功能或配置太阳能充电系统。

（2）智能巡检机器人具备功能模块插件扣，可按需要装备各类摄像头、测温装置等。

（3）智能巡检机器人能在强电磁干扰环境下正常工作。

（4）智能巡检机器人装有精确定位设备，并具备路线识别功能，同时具有自动寻的功能和远程控制功能。

（5）变电站智能巡检机器人应能适应恶劣环境下运行需求，并满足防尘、防水、抗高温、耐严寒等需求，能满足-10℃～50℃环境温度要求。

除此之外，变电站的场地和布局也须改造成适应机器人巡检的布局：设有专门的巡检通道，各类一次设备应在通道两侧合理装设，场地尽量平整、无障碍。

七、推进一体化监控系统

智能变电站一体化监控系统定义：按照全站信息数字化、通信平台网络化、信息共享标准化的基本要求，通过系统集成优化，实现全站信息的统一接入、统一存储和统一展示，实现运行监视、操作与控制、信息综合分析与智能告警、运行管理和辅助应用等功能。

智能变电站一体化监控系统直接采集站内电网运行信息和二次设备运行状态信息，通过标准化接口与输变电设备状态监测、辅助应用、计量等进行信息交互（见图6-7），实现变电站全景数据采集、处理、监视、控制、运行管理等。

智能变电站一体化监控系统由监控主机、操作员站、工程师工作站、Ⅰ区数据通信网关机、Ⅱ区数据通信网关机、Ⅲ/Ⅳ区数据通信网关机及综合应用服务器等组成。

智能变电站的特性决定了其对各类信息处理提出了较高的要求，为此智能变电站的站控层一般设计为以IEC 61850为标准的信息化平台，从而实现将稳态、动态和暂态信息融合在一起。对

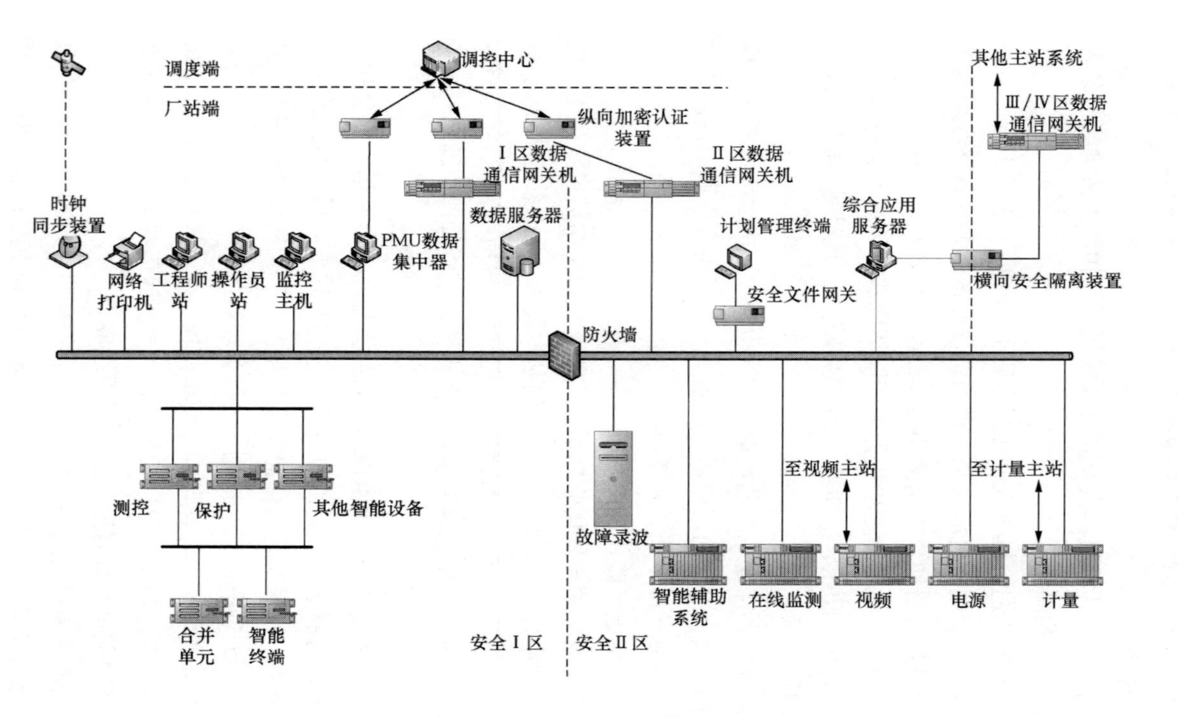

图6-7　一体化监控系统示意图

于综自变电站而言，上述各类信息却是相对独立的，不同的设备因为由不同的厂家提供而导致信息之间的交互需要通过外部协议来“翻译”。智能变电站内的各类信息在IEC 61850这个统一的模型框架下实现了交互的直接性，并能很好得实现智能电网运行信息全景化、一体化的要求，建成厂站端与调度端相整合的一体化智能电网调度技术支持系统的智能变电站自动化系统构架。随着智能变电站的发展和IEC 61850规约的推广使用，变电站的各类生产信息将以统一的模式出现，并且拥有更加智能的决策处理能力，而厂站也将成为智能电力网络中的一个节点。一体化系统的产生为智能电网实现集中运行、监控和管理提供了技术保障。